人生关键词

黄俊华 著　卿珂 插图

当代世界出版社
THE CONTEMPORARY WORLD PRESS

图书在版编目（CIP）数据

人生关键词 / 黄俊华著；卿珂插图 . —北京：当代世界出版社，2021.5
 ISBN 978-7-5090-1599-5

Ⅰ. ①人… Ⅱ. ①黄… ②卿… Ⅲ. ①成功心理—通俗读物 Ⅳ. ① B848.4-49

中国版本图书馆 CIP 数据核字（2021）第 001854 号

书　　名：	人生关键词
出版发行：	当代世界出版社
地　　址：	北京市东城区地安门东大街 70-9 号
网　　址：	http://www.worldpress.org.cn
责任编辑：	李俊萍
编务电话：	（010）83907528
发行电话：	（010）83908410（传真）
	13601274970
	18611107149
	13521909533
经　　销：	新华书店
印　　刷：	北京彩眸彩色印刷有限公司
开　　本：	787 毫米 ×1092 毫米 1/32
印　　张：	7.25
字　　数：	130 千字
版　　次：	2021 年 5 月第 1 版
印　　次：	2021 年 5 月第 1 次
书　　号：	ISBN978-7-5090-1599-5
定　　价：	49.00 元

如发现印装质量问题，请与承印厂联系调换。
版权所有，翻印必究；未经许可，不得转载。

自 序
Self Preface

　　能够静心阅读的人，是这个时代中沉得住气的人。

　　很多人在忙着赶路，而我通过阅读感悟路。

　　回顾二十多年来走过的路，我发现自己一直在从事助人成长的工作。

　　二十多年下来，其实自己成长得最多。

　　写作与教育是我这一生中两个重要的成长支柱。写作研究文字，教育研究人心。文字表达心灵，心灵启迪文字。人心中隐藏着无尽的爱，文字中承载着无穷的智慧。把文字和人心结合起来，透过文字来解析人心，就构成了这本书。

　　不能传递价值的语言是多余的，不能给予成长的语言也是多余的。外在知识的学习不等于内在心智的成长。真正的成长是从心出发，遍历红尘，又回归于自己的内心。

　　帮助自己成长，你会活出全新的自己；帮助他人成长，你会拥有更好的环境。

　　本书通过104篇文章来解析85个人生关键词，透过文字洞悉人心取向、世事规律，寻觅语言背后那些通向成功和幸福的路径。在这个过程中，我只是一名"导游"，而你究竟能看见怎样的山水,取决于你的眼睛和心灵。

能够在生命的旅程中发现更美的风景,是因为我们拥有了一双崭新的眼睛。

能够在人生的攀登中遇见更好的自己,是因为我们拥有了一颗更好的心灵!

看见这颗心,修好这颗心。

相信成长的路上所有的美好都会出现!

目 录
Contents

人生赛场

- 003 　对手
- 005 　比分
- 007 　奖牌
- 009 　裁判
- 010 　教练
- 012 　陪练
- 014 　啦啦队
- 015 　喝彩
- 017 　赢家
- 019 　失败
- 021 　赢（一）
- 023 　赢（二）

025　赢（三）
027　赢（四）
029　赢（五）

成长是一种生活方式

033　门槛
035　投降
036　反省（一）
038　反省（二）
040　反省（三）
042　升值与升职
044　自律与自由
045　理由与借口
047　加薪与加心
049　穷

051 承诺
053 自信
055 石头

在情绪中照见

059 爱与喜欢
061 恕（一）
063 恕（二）
064 怒
066 痛苦
068 紧张
070 生气（一）
072 生气（二）
074 开心（一）
076 开心（二）

077　开心（三）

079　幸福

081　委屈

082　难

你的眼界就是你的世界

087　偏

088　笨

090　态（一）

092　态（二）

093　错

095　养

097　念

099　臭

101　看法

103　主张（一）
105　主张（二）
107　小人与大人

好关系，好人生

111　和
113　患
115　我
117　贪
119　舒（一）
121　舒（二）
123　懂（一）
125　懂（二）
127　谦（一）

129	谦（二）
131	听
133	较（一）
135	较（二）
137	消毒与解毒

做个智慧的经营者

141	企
143	厂
145	团队
147	威信
149	赏识
151	领导
153	龙与虫
155	老板与总裁
157	董事与理事

159 功劳与苦劳
161 能干与肯干

学会学习

165 学历
167 学问
169 培养
171 母亲
172 孝
174 教学
176 磨练
178 绝招
180 觉悟
182 放下

184 舍得
186 道理

道在心中，路在脚下

189 鞋
191 信（一）
192 信（二）
194 信（三）
195 志
197 危机
199 机会
201 冒险
203 命运
205 爽

207 忙（一）
209 忙（二）
211 聚

后 记

人生赛场

在我们踏入的每一个赛场,
有自己,有对手;有裁判,有教练;
有场域,有时间;有输赢,有奖牌。
在某个瞬间,透过变幻莫测的赛场风云,
我们瞥见了那片永恒不变的蓝天。

对手

在人生的各种比赛中，我们有两个对手。一个对手在外面，一个对手在心中。

外面的对手不难发现，心中的对手易于遁形。正因如此，被称为"五百年来第一完人"的王阳明先生才会说："破山中贼易，破心中贼难。"

外面的对手往往存在于商场、战场，而心中的对手则隐匿于我们的每一个想法中。人生的成长不仅在于外在知识和阅历的积累，也在于内在干扰和烦恼的减少。

有人就有江湖，人生就是赛场，有比赛就有对手。

东方不败号称没有对手；独孤求败总在找寻对手；任我行中的"我"字其实是我们最大的对手。

金盆洗手只能退出人的武林，未必退得出心的江湖；挂靴退役只是退出外面的比赛，未必退出了心中的较量。

英雄征服天下，圣人征服自己。

英雄往往能打败外面的对手，却输给心中的对手；圣人战胜心中的对手，天下自然就无对手。所谓仁者无敌，不是天下无敌，而是心中从不树敌。

张德芬在《遇见未知的自己》中写道:"亲爱的,外面没有别人,只有你自己。"意思是,外面发生的一切都是内心的投射。所以,外面的对手也只不过是心中这个对手的投射。

智者说:"不怕念起,只怕觉迟。"

看清对手、找准对手,才能赢得生命真正的胜利!

一个对手在外面,一个对手在心中。

比分

电视剧《渴望》的插曲中有一句歌词："一息尚存,就别说找不到。"意思是不到最后关头,就不要轻易下结论。

从体育比赛的角度来说,只要比赛结束的哨声未吹响,比分就有可能被改写。事实上,有很多扭转局势、反败为胜的赛例。

所有的比分都不是最终结局,只是人生过程中的检视。所以,一次失败不等于人生失败,一件事失败也不代表整个人生彻底失败。

比分不是用来判定失败的,而是用来提醒如何做得更好的。比分在告诉你,哪些做法是行得通的,哪些做法是行不通的。

现在的比分反映了你过去的表现,未来的比分取决于你现在的表现。改变表现,就能改变比分。

对待比分的态度,会影响你表现的有效度。所以,你自己才是真正的打分者。你的态度决定你的分数。

能够正视比分,可以看清自己的表现;不执着于得分,但可以让自己发挥得更好。

结果是终极教练。

客观事实是唯一权威。

敢于面对比分,是成长的开始。

敢于面对比分,是成长的开始。

奖牌

奖牌是一场比赛的重要元素，是比赛名次的形象化展示，是荣誉的实物化。奖牌会给予运动员成长的动力、拼搏的勇气。

奖牌与奖金各有各的作用：奖金是满足物质需求的，奖牌是满足精神需求的。

拿破仑曾说："这真是奇怪，人们竟然肯为这些破铜烂铁去拼命。"

拿破仑所说的"破铜烂铁"就是他发给将军们的勋章。那些将军们为了这些勋章抛头颅、洒热血，征战沙场，马革裹尸。

我有些怀疑拿破仑说这话是在炫耀自己只不过用一堆"破铜烂铁"，就收服了这么多英雄好汉。当然，这个说法，也揭示了人性中的某种特质。

实际上，"破铜烂铁"之中包含了人的需求，包含了人们想要得到的荣誉感、存在感、自我认同感等等。

奖牌是一种反馈，是所有行为与努力的回报的集中体现。人的行为要有反馈才可以更好地改善。

员工的工作有了进步，领导给予的肯定，是看不见的奖牌；妻子做了一桌好菜，丈夫的一句鼓励，是最好的奖牌。如果工作中没有奖牌，员工就容易产生职业倦怠感；如果生活中没有奖牌，妻子就容易产生家庭倦怠感。

  这种奖牌不仅可以用于奖励他人的成果和行为，也可以用于奖励他人的信念与价值观。这是助人成长的艺术。

  我们无须为奖牌而活，但善用奖牌可以让我们活得更好。

裁判

每个人的人生赛场上都有裁判，我们无法保证裁判的公平，但可以用平常心来对待形形色色的裁判。

就算所有的裁判都会误判、错判，有一个终极裁判却是公正的，这个裁判就是时间。正所谓人有千算，天只一算，人算不如天算。

时间把开幕变成闭幕，把隆重登场变成曲终人散。

时间是魔术师，能化神奇为腐朽，也能化腐朽为神奇；能把神话变成笑话，也能把笑话变成神话；能把丑小鸭变成白天鹅，也能把下山虎变成落水狗。

时间是鉴心镜，能照出谁是苍鹰，谁是苍蝇，谁是麻雀，谁是孔雀；谁昙花一现，谁基业长青。

时间能显现种子的力量，以及种子和果子的关系。

时间是真诚者的朋友，是虚伪者的敌人；是勤劳者的朋友，是懒惰者的敌人；是坚持者的朋友，是放弃者的敌人。

时间会帮助我们做出选择和总结。

时间是漏斗，漏掉该漏掉的；时间是筛子，留下该留下的。路遥知马力，日久见人心。时间让我们看清漫漫人生的真实轨迹，洞悉万事万物的本质和规律。

时间能判定每一枚金牌的含金量——笑到最后的才是真正的胜利者。

教练

《孙子兵法·谋攻篇》曰:"知己知彼,百战不殆;不知彼而知己,一胜一负;不知彼,不知己,每战必殆。"

其实,很多时候知己比知彼更难。我们能看清远处的风景,但未必能洞悉自己的内心。东坡诗云:"不识庐山真面目,只缘身在此山中。"

我们的思维就是一座云雾缭绕的庐山。山中有仙人,也有猛兽——我们的想法有时明智,有时糊涂。

有时候,我们达不成目标,实现不了梦想,是因为我们的表现与目标不匹配。归根到底,是我们的认知存在盲区或误区。

跳出山外,才能更好地观赏山景。所以,每个人都需要一面人生的明镜,以便自我觉知。不断地自我觉知才能看清自己的选择,以及行为的有效与无效之处。在更深入的觉知中,我们会看见自己情绪的起伏、身体的反应,以及思维的运作模式。

看得清,才能想得明;想得明,才能选得对;选得对,才能活得好。

因此,内观比外求更重要,选择比努力更重要。而有效的觉知,带来有效的选择。

每个人都有盲点。

教练如镜,助人自知。

所以,世界冠军也需要教练的帮助,天下第一高手也可以因为教练而超越自己。

陪练

想要成为冠军，不仅需要好的教练，也需要好的陪练。

横扫世界各大赛场的中国乒乓球队就有陪练制度，这些陪练是冠军背后的无名英雄。中国的军队也有"红军"与"蓝军"，"蓝军"就是"红军"的假想敌，也是陪练者。因为有"蓝军"的存在，"红军"才能保持警觉并不断成长。

陪练其实是挺不容易的工作。陪练需要具备相当的水平，陪练如果太弱，运动员就得不到必要的挑战。往往陪练越出色，运动员成长越快。

有人说，小成功需要朋友，大成功需要对手。

如果我们善于学习，有可能我们从对手身上学到的比从朋友身上学到的更多。

人生中的顺境如同一支热情的啦啦队，时时为我们的成功喝彩；而人生中的逆境如同一位凶狠的陪练，不断激发我们更大的潜能。

陪练的挑战对你而言或许是痛苦的，但是，你只有经受得住陪练的考验，才可能在比赛场上展现风采。所谓死在练习场，活在比赛场。

想一想，在你的生命里，谁曾扮演过你的陪练，而让你成就了今天的辉煌。

小成功需要朋友，大成功需要对手。

啦啦队

啦啦队其实就是观众，只是他们比普通观众更鲜明地表达了自己的情绪与感受。

一场比赛中如果有啦啦队出现，往往会有更好的氛围。通常，运动员都会期盼支持自己的啦啦队出现在赛场上。

当然，也有运动员在比赛时害怕啦啦队的喝彩。因为，别人的声音成了他的干扰，别人的态度成为他的负担。他害怕辜负别人的期望。这样的人往往是为别人的看法而比赛的，也就难免被别人的看法所左右。

更多的时候，我们会被自己的看法所左右。我们心里也有一支啦啦队或者一群观众，在评判我们表现的好与坏。

在战胜外面的对手之前，我们得先战胜自己心中的对手。

能够为自己喝彩的人，是懂得自我激励的人——有激励，才更有动力。

能够为队友喝彩的人，是具有团队精神的人——团队赢才是真的赢。

能够为对手喝彩的人，是具有气度的人——对手也值得尊敬。

能够忘我地投入比赛而无需喝彩的人，是真正自由的人——即使没有啦啦队的存在，他也能活出精彩的自己！

喝彩

　　为你喝彩——在赢的时候为你的成果喝彩,在输的时候为你的努力喝彩;为你赢得金牌与奖杯喝彩,也为你良好的球风和体育精神喝彩。

　　1968年的一天,美国心理学家罗森塔尔来到一所小学,对18个班的学生进行了"未来发展趋势测验"。之后,罗森塔尔以赞许的口吻将一份"最有发展前途者"的名单交给了校长和老师,并叮嘱他们保密,以免影响实验效果。其实,罗森塔尔撒了一个"权威性谎言"——名单上的学生是他随机挑选的。8个月后,罗森塔尔对那18个班的学生进行复试,奇迹出现了:凡是上了名单的学生,个个成绩进步显著,而且处事自信。

　　罗森塔尔效应说明,他人的期望,能使人们的行为发生与期望趋于一致的变化。通俗地说就是:说你行你就行,不行也行;说你不行你就不行,行也不行。

　　士为知己者死,女为悦己者容。

　　看人之大——不是因为他表现出色才欣赏,而是因为我们对他的欣赏让他的表现更出色。

　　成人之美——不是因为她美丽才赞美,而是因为赞美让她呈现美的光彩。

用人之长——不仅用他看得见的优点,更要激发他潜在的闪光点。

在比赛场上,不是赢了球才喝彩,而是用喝彩激励球员赢球。

从这个意义上说,喝彩是在投资未来。

人生是自我预言的实现。善于先行喝彩者,往往会创造理想的未来。

所以,要成为好教练、好领导、好家长、好老师,我们就需要用喝彩去创造未来。

用喝彩去创造未来。

赢家

世界如同一个赛场，不去超越别人就会被别人超越。

生命也是一个赛场，我们真正要超越的其实是我们自己。

我们在赢得外在的一切之前，首先要知道自己早就是一个赢家了。我们成为一个人，就赢得了生命这场比赛；我们还活着，就赢得了可以继续超越自己的时间。

如果你有一个健康的身体，你是赢家；如果你有一个美满的家庭，你是赢家；如果你有一份如意的工作，你是赢家。

因为，对你来说习以为常的事情，或许是很多人一生也无法实现的奢望。

哪怕你的工资不高，你也是赢家，因为很多人连工作都没有着落；哪怕你身体抱恙，你也是赢家，因为很多人已不再呼吸。

用当下的例子来说，能够阅读这本书，你是赢家，说明你喜欢学习。

如果这本书是你买的，你是赢家，说明你有钱投资自己的成长。

如果这本书是朋友送你的，你是赢家，说明你拥有关心你的朋友。

如果你把这本书送给别人,你是赢家,说明你有愿意分享的格局。

是的,在你要去赢得任何事物之前,你要知道,你已经是一个赢家。

失败

胜负乃兵家常事。比赛场上也一样,有胜利就有失败。

但是,换一个角度来说,从来就没有失败,只有结果的反馈。失败只是在告诉我们哪里行得通,哪里行不通,哪里需要调整。

更加积极地说,没有失败,只有学习。把失败的代价看成是学习的学费,失败就焕发了新的价值。

如果在比赛中超越了自己,哪怕没有拿到奖牌或名次,也虽败犹荣。

"屡战屡败"是结果,"屡败屡战"是精神。

德国诗人歌德曾说:"如果你失去了财物,你只失去了一点点;如果你失去了信誉,你就失去了很多;如果你失去了勇气,那你就失去了一切。"

"再战再败"说明只有战的勇气,却没有从失败中汲取经验教训。一再失败而不总结,失败就成了白白付出的代价、没有任何回报的成本。

而"转败为胜"则表明从失败中汲取了教训,学到了有价值的东西。

普通人经历失败很正常,就连被称为"明朝一哥"的王阳明都经历过失败。

1496年,王阳明在会试中再度名落孙山。有的考生因在榜单上找不到自己的名字而失声痛哭,王阳明却无动于衷。大家都以为他是伤心过度,于是都来安慰他。

王阳明却微笑着说:"你们都以落第为耻,我却以落第动心为耻。"

重要的不是失败,而是你对所谓"失败"的看法。不同的看法代表了不同的人生境界。

所以,真正的失败只有一种,就是输掉了心态。

赢(一)

一场比赛之所以吸引人,是因为有变化莫测的过程和不确定的结果。

赛场内外,我们都想赢——赢得事业的成功,赢得家庭的幸福,赢得理想的结果,赢得他人的尊重。

那么,如何去赢呢?我们来探索一下"赢"这个字。

"赢"的构造比较复杂,它是由一个"亡"字、一个"口"字、一个"月"字、一个"贝"字、一个"凡"字组成,代表我们要想"赢",必须具备诸多元素。

我们先来看看位于"赢"字最上面的"亡"字。

这里的"亡"代表牺牲精神,要赢,就要有牺牲的勇气——不入虎穴,焉得虎子。

狭路相逢勇者胜。

进一步说,这个"亡"也有"舍得""付出"的意思。

宝剑锋从磨砺出,梅花香自苦寒来!

种瓜得瓜,种豆得豆。

付出物质,付出精神。

付出时间,付出精力。

付出关心,付出爱。

付出多少,收获多少,毫厘不爽。

有人说:"看看你现在付出多大努力,就知道你将来能取得多大成就!"

所以,在我们想去赢的时候,首先需要问自己的是——我准备为此付出什么呢?

现在付出多大努力,
将来就会取得多大成就。

赢(二)

"赢"字中间的"口"字代表沟通,也代表口碑传播。

运动场上队员之间的有效沟通带来彼此之间的默契与配合,企业中团队之间的有效沟通带来良好的工作关系和较高的工作效率。

企业与消费者之间各种形式的互动与沟通形成企业的口碑,而口碑是最古老的传播形式。消费者的口碑聚集起来形成品牌效应。

"酒好也怕巷子深"——这个颠覆性的说法说明,在企业经营中不仅要重视产品品质,也要注重品牌效应。

好的品牌,活在众人的口中。

不仅产品如此,我们做人也一样。

众口悠悠——群众的评价是一个人人品的鉴定表,从一个侧面反映了我们平时为人处事的水平。俗话说"金杯银杯都不如老百姓的口碑"。

很多理论都指出,人际关系是成功的重要因素!想要拥有良好的人际关系,就要学会有效沟通。这个星球不是某个人的,而是大家的。我们需要与他人和睦相处,需要在人们心中建立良好的口碑。

我们通过"口"的作用，通过与别的"口"的互动，创造了我们在人际关系中的品牌，进而创造了我们每天生活的环境。

所以，要想"赢"，就要提升"口"的能力，提升沟通的能力。

想一想，我们常用的微信为什么那么受欢迎？

因为它提供了沟通的平台，提供了交流的平台，提供了情感互动的平台。

微信的成功告诉我们，创造沟通其实就是在创造财富！

赢（三）

"赢"字左下角的"月"代表日积月累，也就是持之以恒的心态。

要想赢，就要有聚沙成塔的恒心。如果说排山倒海是一种力量的话，水滴石穿也是如此。

我还记得小时候看过的一则漫画故事：

有一个人要打一口井。他已经在地面上不同的地方打了好几个井眼，实际上每一个都很接近他的目标——地下的水源。可是他每次都在快要成功时认定所选的地点没有水源，所以地点一换再换。他很努力，然而缺少在同一个点上的坚持。

马尔科姆·格拉德威尔在畅销书《异类》一书中提出"一万小时定律"："人们眼中的天才之所以卓越非凡，并非天资超人一等，而是付出了持续不断的努力。只要经过一万小时的锤炼，任何人都能从平凡变成超凡。"

《刻意练习》的作者艾利克森讲得更为严谨："在足够长的时间内用正确的方式带有目的地进行练习，此方法通用于各个领域，也是学习的黄金标准。"

时间的累积，加上走出安全区、基于目标的刻意练习，以及得到及时的反馈，可以帮助我们在某个领域不断成长并取得成就。

在上面的论述中，足够长的时间是一个基本条件。

让我们来看看下面这组数据：

曹雪芹写《红楼梦》用了10年；

左思写《三都赋》用了10年；

司马迁写《史记》用了18年；

达尔文写《物种起源》用了22年；

徐霞客写《徐霞客游记》用了30多年；

李时珍写《本草纲目》用了30多年；

哥白尼写《天体运行论》用了30年；

马克思写《资本论》用了40年；

歌德写《浮士德》用了60年。

由此可见，真正的高手都是长期主义者。

电视剧《士兵突击》里的许三多，从一个愣头愣脑、笨手笨脚的新兵，成长为超越无数聪明人的特种部队的"兵王"，靠的是什么？靠的就是坚持！

许三多在寝室里有句独白："挺得住与挺不住是道选择题，我发现我没有选择挺不住的权利。"

正是这种坚持，使他从平凡走向了非凡！

赢（四）

"赢"字中的"贝"代表钱，古代人将贝壳作为货币，在此也可以延伸为我们需要的资源。

人脉资源、资金资源、市场资源、客户资源等等。

要赢就要整合资源，善用资源。

正所谓：下君，用己之力；中君，用人之力；上君，用人之智。

有一个关于善用资源的故事，大意是讲一个小孩想要搬动一盆花，但是因为年纪小，力量不足，费了九牛二虎之力都没搬动，便伤心地哭了起来。爸爸问他为何哭，他说自己已经用了全部的力量，可是还是搬不动花盆！爸爸说："不！你并没有用全部的力量，因为你还没有用我的力量。"于是，爸爸轻而易举地帮他把花盆搬走了。

我们要赢，有时需要借助他人的力量和智慧。

开拓思维，别人的力量就可能成为我们力量的一部分。

开拓思维，你会发现，资源无处不在！

在这里，我想进一步探讨这个问题。

我想说，我们不仅要善用资源，更要善待资源。

善用资源，只是代表我们看到运用资源的可能性；而善待资源，则代表我们跟资源建立良性关系。我们是一次性消耗资源，还是可以长久地与资源良性互动，决定了我们和资源的关系。

知恩图报还是过河拆桥，决定我们的人脉资源是否可持续！

竭泽而渔还是细水长流，决定我们的环境资源是否可持续！

善用资源才能让我们不仅能赢，而且长胜！

赢（五）

"赢"字右下角的"凡"指平凡的事、细小的事、琐碎的事。

意思是我们去赢的时候不要好高骛远，对自己的定位要准确，否则很容易造成上不去下不来、高不成低不就的尴尬局面。

成功者并非一步登天，都是脚踏实地，一步一步迈向目标的。

正所谓：把简单的事情做好就是不简单！

成也细节，败也细节。我们忽略的小事往往是决定成败的关键。

以小见大，见微知著。一个人的品格也存在于细节中——勿以善小而不为，勿以恶小而为之。

正如德兰修女所说："我们做不了大事，但是可以用伟大的爱去做小事。"

亨利·福特当初去福特公司应聘时一无所长，而其他几位与他同时应聘的人在学历、资历等方面都比他更有优势，连亨利·福特自己都认为别人更应该被聘用，但没想到最后他竟然是唯一被聘用的。究其原因其实很简单，因为在应聘时他是唯一把地上的废纸捡起来扔进垃圾桶的人。而主持招聘的人恰恰从这件事中看到了亨利·福特超越他人的责任心，并做出让所有人都大跌眼镜的决定。

我们深究一下，其他应聘者为什么不去捡废纸呢？我猜测，可能因为这是谁都会做的小事吧。再说，大学里又没有教应聘时看到废纸要捡起来，大学里教的都是深奥的专业知识！

捡起一张废纸，再小不过的事。

然而，正是这件小事成就了美国的汽车大王！

从"亡"到"口"到"月"到"贝"，再到"凡"。

一个"赢"字，已道尽成功的秘诀！

成长是一种生活方式

在坦途中成长，

在坎坷中成长。

成长是所有成就的源头活水，

成长是一切问题的终极答案。

不断成长的你，才能匹配你想成就的梦想。

门槛

人生有很多门槛。

常见的有木头门槛、石头门槛，还有其他各种材质的门槛。

知识改变命运，知识是一道有形的门槛；态度决定人生，态度是一道无形的门槛。

应聘工作时，专业技能是一道门槛；带领团队时，人际关系是一道门槛。

若干年前，我入职一家公司，顶头上司教导我："你来到这里要过很多关，同事是一道关，客户是一道关，老板也是一道关。你过得了这些关才能在公司站稳脚跟。"

她所说的"关"不是公司制度中的硬性规定，而是工作中自然形成的人际关系的关口，也就是门槛。

哲学家萨特说："他人即地狱。"我这个上司的说法让我自然地类比出这样的句子——他人是你的门槛。迈过一道道他人的门槛，我们才能赢得在公司里或者江湖中属于自己的位置。

有句话说，身体是革命的本钱，意思是，要成就一番事业必须要有健康的身体做保障。而健康的身体离不开"管住嘴、迈开腿"。挖掘下去，我们会发现健康其实跟每个人的自律有关。

所以，自律者自强。自律是成就自我要迈过的门槛。

最近，一位退休的公务员跟我分享他的心得：退休后跟家人相处的时间多了，才发现自己的情绪对家庭关系的影响很大。能管理好自己的情绪，就能给家庭带来正能量；管理不好自己的情绪，就会给家庭带来负能量。由此看来，能否管理好自己的情绪决定着家庭关系的好坏，也是我们走向幸福需要迈过的门槛。

归根到底，我们自己才是自己的门槛。

最难过的关往往就是自己这一关。从小我的聪明到大我的豁达，再到无我的智慧。能迈过自己的门槛，也就能迈过世界上无数的门槛。

险阻即道路，问题即课题。

门槛是一种严峻的考验，也是一次成长的机会。因为，所有的门槛其实都有开和关的双重功能——

迈得过是一扇门，迈不过就是一道槛。

门槛门槛，迈得过是一扇门，迈不过就是一道槛！

投降

电视连续剧《解放大西南》中有这样一个情节：

贺龙属下的进川部队俘获了国民党的一支军乐队。

贺龙劝告那支军乐队的队长："……像傅作义将军、陈明仁将军那样回到我们这边来吧。"

军乐队队长说："您的意思是叫我们投降？"

贺龙说："你是个读书人，应该懂得这样一个道理，向真理投降不丢人，是光荣的。"

这令我想起一个类似的故事：

一位公司主管在教导他的员工时说："你的缺点在于太过固执己见，你要学会投降。"

这个员工很不理解："投降？为什么？"

这个主管说："为了你的目标！你不是投降于别人，而是要投降于你的目标。"

以此看来，"投降"是个中性词，关键在于向什么投降。

确实，很多时候我们需要降服自我，就像动画片里的兔八哥说的那样："这次我们遇到真正的敌人了，就是我们自己。"

老子在《道德经》中指出："胜人者有力，自胜者强！"意思是，能降服自己的人，才是真正的强者。

所以，为了目标，学会投降！

反省（一）

曾子曰："吾日三省吾身。"

注意，这句话中"省"的对象是"吾身"。很多人每天也在"省"，不过"省"的对象不是自己，而是别人，是环境因素。这是产生互相推诿的根源。

有一家企业，上马了一个投入近千万的新项目，但最后失败了。总经理开会让各个部门总结原因。在会议上，各部门主管轮流发言。销售部主管说："我们总结过了，不是我们销售部不努力，而是我们的产品定位不准，不受市场欢迎。"生产部主管说："我们也总结了，其实我们的产品有自己的优势和特点，关键是缺乏好的销售策略。"

这样的场景或许你很熟悉，表面上好像大家都在总结，但其实谁也没有真正地反省。这样的总结对以后的工作并没有什么实质性的帮助，因为大家都觉得需要改进的是别人。我们可不可以要求别人提升呢？可以的，只不过这样你自己相对被动，只能活在期待中——如果别人永远不提升，情况就永远得不到改善。

作家张晓风打了一个很有意思的比喻："那个名叫'失败'的妈妈，其实不一定生的出名叫'成功'的孩子——除非她能先找到那位名为'反省'的爸爸。"

因为，反省是真正学习的开始。

反省就是，不要归因于外，而要归因于内。不管环境如何，从我开始，自己做好了，环境也会随之改变。

毛泽东在《送纵宇一郎东行》一诗中写道：

沧海横流安足虑，

世事纷纭从君理。

管却自家身与心，

胸中日月常新美。

也就是说，管好自家身与心，是应对外在的沧海横流最好的方式。

反省是一种将生活的主宰权真正掌握在自己手中的方式——改变不了世界，就改变自己。当你自己改变了，或许你就会发现，世界也随之改变了；当你自己改变了，或许你就会发现，世界根本不需要改变，要改变的可能只是你看世界的眼光。

我是一切的根源。

我的人生操之在我。

> 不要归因于外，而要归因于内。

反省（二）

我曾看过这样一则笑话。

某人跟朋友说："昨晚邻居不断来骚扰我，敲我的房门，真不知半夜发什么疯。"朋友问他："那时你在干什么呢？睡觉了吗？"他回答说："我吗？正用我心爱的小号吹奏一首乐曲。"

反省一下，我们在生活中有没有扮演过这样的小号手呢？

反省不等于自责、内疚、自我批判、自我否定，反省是在自己身上找原因，是有效地总结和学习。

其实，外在的结果很多时候只是我们所作所为的一种反馈。

《孟子·离娄上》中说："爱人不亲，反其仁；治人不治，反其智；礼人不答，反其敬。行有不得者，皆反求诸己。"

这段话翻译为现代文就是，我对别人好而别人却不愿意亲近我，应反省自己的仁爱之心够不够；我管理别人而未能管理好，应反省自己的领导艺术够不够；我礼貌地对待别人而得不到回应，应反省自己的态度够不够恭敬；任何行为得不到预期的效果，都应反躬自问，好好检讨自己。

我还记得孩提时代常听父母说过的一句话："懂教育的父母首先会管教自己的孩子，不懂教育的父母才指责别人。"

实际上当我们用一个指头指责别人的时候，还有三个指头指向我们自己。
　　这句话的意思跟孟子的说法是一回事。
　　道不远人。
　　圣人的话，原来一直那么通俗而生动地活在老百姓的日常生活中。

反省（三）

苏格拉底说："没有反省的生命，是不值得活下去的。"

我想用一个形象的例子来说明什么是反省。

就好像我们打网球，如果把球打出界，说明你击球时用力过猛，如果没有把球打过网，则说明你打得太低了。我们得到的结果，只不过是我们行为的反馈，我们不能怪罪结果不好，只能反省自己的行为是否有效。

以此类推：

有困难应反省是否自己能力不足；

有麻烦应反省是否自己方法无效；

有犹豫应反省是否自己胆识不够；

有遗憾应反省是否自己谋略不精；

有误会应反省是否自己沟通不良；

有急躁应反省是否自己心境不宁；

有浮夸应反省是否自己华而不实；

有是非应反省是否自己口德不好；

有争执应反省是否自己固执己见；

有抱怨应反省是否自己不愿负责；

有脾气应反省是否自己气度不大。

以上说法是孟子"行有不得,反求诸己"的现代版。

我们生活中所有不理想的结果都是可贵的镜子,因为这些结果都是我们行为的反馈,是在告诉我们,在某方面我们还有成长的空间。

古人喜欢"如意",是渴望环境"如"自己的"意"。然而,往往事与愿违。

所以,与其等着环境改变来迁就你,不如改变自己去适应环境。

升值与升职

俞敏洪在他的文章《与其有钱不如值钱》中写道:"有钱的人不一定值钱,比如我们常看到一些'富二代'腰缠万贯,但除了挥霍什么都不会,这样的人'分文不值'。但值钱的人早晚会有钱,因为值钱的人都有足可夸耀的某种能力。凭此能力,他不仅可以安身立命,还能积累财富,这样的人甚至连存钱都不需要。"

想要有钱的人很多,想要升职的人也很多。

然而,金钱与职位,本质上都是每个人价值的体现。

光盯着职位与工资,不去提升自我的价值,无疑是本末倒置。即便侥幸获得渴望的职位和工资,没有价值支撑,最终也难逃泡沫破灭的结局。

这就是所谓的"德不配位"。

反过来,如果你真正具备价值,就算在这间办公室失意,也可以在另一间办公室得志;就算在这家公司如履薄冰,也可以在另一家公司春暖花开。

有一位知名企业的老总对他的下属说:"当你的能力提升了,不仅我们公司,整个行业都在盯着你的价值。"

这就是人们常说的"厚德载物"。

很多优秀的投资人说,投资的第一要素是投价值!

无论投资企业还是投资个人,都是这样。

俗话说,是金子在哪里都会发光!

换句话说,如果我们还没有发光,也正说明我们的含金量还有待提升。

要想升职,先要升值。

自律与自由

通常，听到"自律"这个词，我们明白这是我们需要的，不过在心理上却多少有些抵触。因为，自律给人的感觉好像是被限制了。

其实，律条不是用来限制我们的，而是用来保护我们的。

有人说，三十岁前你善待你的身体，三十岁后你的身体就会善待你，前提是你在诱惑面前要自律。

十字路口有红绿灯，是为了保证我们的交通安全。

海洋有休渔期，是为了给鱼类充足的繁殖和生长时间，避免竭泽而渔！

全世界都在倡导低碳生活，是为了避免我们赖以生存的星球毁灭在我们自己手里。

这些都是人类的自律行为。

认为自律就是不自由，这是一种误解。

就像一个妈妈教育孩子说："你可以拥有'不愿意弹钢琴就不弹'的自由，不过将来你会失去行云流水般驾驭音符的自由。"

这个说法或许不是那么好理解。

不过当你真的理解这句话时，你就会明白，自律和自由不仅不是对立的，甚至可以说，自律带来了更大的自由！

理由与借口

英国著名的生活教练莫里根用这样一种技巧来帮助她的客户,每当对方使用"理由"一词时,她会让对方换成"借口"一词。

"理由"的含义是理所当然,应该的、必然的。

"借口"是一个托词,是一种逃避结果的说法。

从"理由"到"借口",不仅是表达上的转换,更是心态上的调整——从逃避到面对。

这位教练还举了一个例子来说明:

奥运会400米银牌得主罗杰·布莱克患有心脏病。在罗杰整个职业生涯中,他的病情一直是个秘密,只有他的家人、亲密的朋友和医生知情。

"我不想小题大做,"罗杰说,"如果我失败了,我不想以此为借口。"

有一首打油诗写道:

春天不是读书天,
夏日炎炎正好眠。
秋有蚊虫冬有雪,
收起书包待明年。

若是想要逃避，万事万物都是最佳的借口；若是想要创造，万事万物都是最好的资源。

成功者找方法，失败者找借口。

当你有时间找借口的时候，你就没有时间找方法。

当你愿意去找方法的时候，你就不会再去找借口。

加薪与加心

有一段时间，网络上流传着这样一个段子，说的是一些大城市的白领把香港明星李嘉欣的图片设置成了电脑桌面。乍一听，我挺纳闷，为什么李嘉欣突然成了白领的偶像呢？一深究，便明白其中的玄机。原来，"嘉欣"与"加薪"谐音。白领们的这一举动或是祈祷能得到加薪，又或是暗示老板该给自己加薪了。

想要加薪，无可厚非，问题是一张明星照片恐怕无济于事。否则，使用洪金宝的照片不是更好——洪水一样多的金元宝滚滚而来？！

一个在知名外资企业做高管的朋友跟我分享他是如何教导员工的。他说："你应该想的不是如何赚老板的钱，而是如何跟老板一起去赚市场的钱。要知道，市场的钱比老板的钱更多！"

然而，很多人并不是这样想的。

正如一本管理书上说的那样，很多员工每天早上一到办公室门口，心就死了。

而死心的员工是难以创造出卓越的工作成果的。创造不出好的成果，自然难以加薪。

有人这样总结成功的秘诀："如果你每天早上醒来第一件事想的不是自己要赚多少钱，而是想客户需要什么的话，你就会成功！"

如果把老板看成是企业内部的客户，而且是一个对你来说至关重要的大客户，这句话也可以如此类比——如果你每天早上醒来想到的不是老板能给自己加多少薪水，而是自己能帮老板创造什么价值的话，你就会成功。

你的救星其实不是李嘉欣，而是你自己的心！

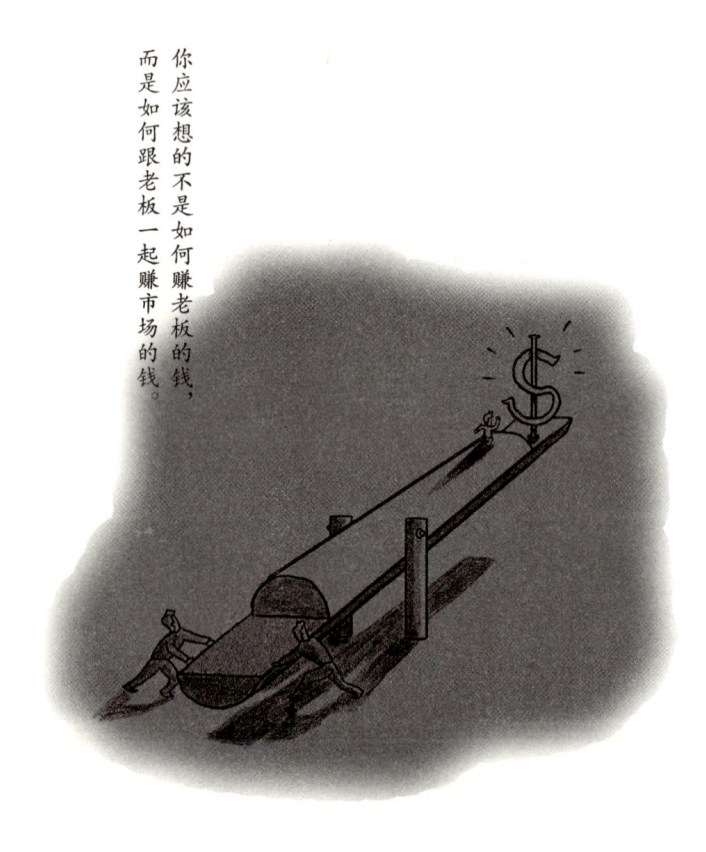

你应该想的不是如何赚老板的钱，而是如何跟老板一起赚市场的钱。

穷

"穷"字是会意字——力在穴下，有劲使不出。

"穷"字的构造生动形象地告诉我们，"穷"不是因为我们没有力——潜力、实力、能力，而是我们把力量用错了地方。换句话说，有力量但方向错了。

方向比努力更重要！

记得在小学时，老师常常用发明家爱迪生的名言教育我们："天才是1%的灵感加上99%的汗水！"

很显然，老师的目的是要学生们懂得勤奋的重要性，努力学习。

但是爱迪生的原话其实还有后半句："但那1%的灵感是最重要的，甚至比那99%的汗水都要重要。"

解读这句话，我认为爱迪生其实是在说，思维的突破比行为的努力更重要。

穷有穷的原因。

穷则变——"山重水复疑无路"说明我们需要调整和改变。

变则通——有效的调整和改变会让我们"柳暗花明又一村"。

还原爱迪生的话，也许更能让我们明白，要成就目标，不仅要学会"用力"，更要懂得如何"用心"！

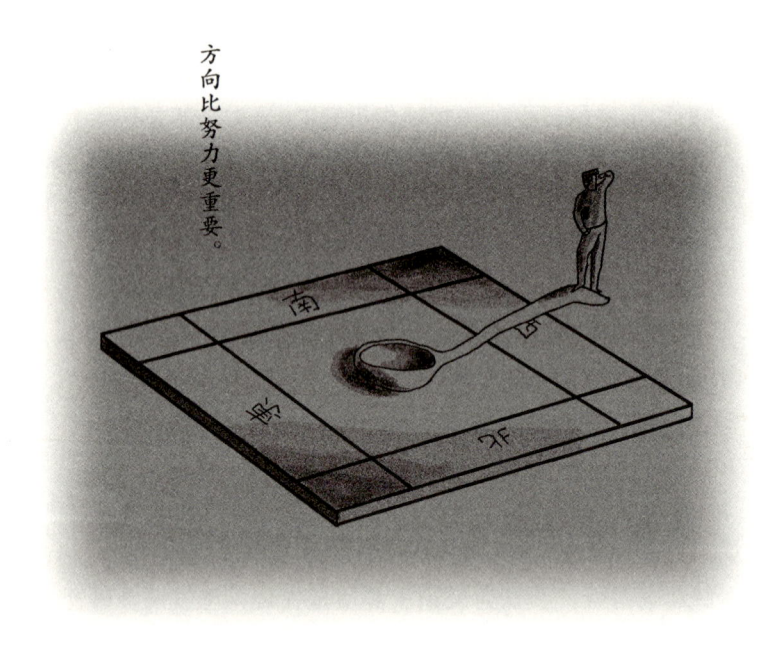

方向比努力更重要。

承诺

中国的文字表达非常精准。

"承"代表承担、行动；而"诺"代表诺言、宣言。

"承诺"的意思就是：口头上有了诺言，要用行动来承担、来兑现。

有关承诺有两个误区。

一个是只"诺"不"承"。

我们常说的"语言的巨人，行动的矮子""口号王子""说的比唱的还好听"，说的就是进入这个误区的人。只"诺"不"承"就是说话不算话，没有诚信，没有做人的品牌。

另一个则刚好相反，只"承"不"诺"。

进入这个误区的人只做不说，或者做了再说，表面看似谦虚低调，其实不然。没有"诺"，没有宣言、没有靶子，别人根本不知道他的目标是什么，无从挑战和检视。只"承"不"诺"有可能是心态上过于保守，缺乏冒险精神！

承诺是金。

承诺如山。

承诺不仅是向世界的宣言,更是对自我的要求!
真正的承诺是既"诺"也"承"。
既重视自己的宣言和品牌,也要有实际行动和冒险的勇气!

自信

很多人觉得自己不够自信，想提升自信。因为通常优秀的人、杰出的人，都给人以自信的感觉。好像连自信都没有的人，根本就不配成功。

"自信"常常成为"潇洒"的同义词。

有一次训练时，一位很年轻的参训者对主持人说："我觉得自己很不自信，请问有没有什么方法帮我提升自信？"

主持人没有给他什么方法，而是反问他："你觉得自己真的不自信吗？"

对方回答说："是啊，我从小到大都觉得自己在这方面有所欠缺，大家也觉得我不自信，所以我来学习就是想提升自信。"

主持人继续问他："你肯定吗？"

对方说："肯定。"

主持人说："你有没有留意，刚才你回答我的问题时多么坚定、多么自信，为何还说自己没自信呢？"

对方说："是吗？"

主持人说："对啊，你对自己不自信这件事充满自信，怎么说自己不自信呢？其实你是自信的，只是看你把自信用在哪方面而已。"

自信是每个人都拥有的能力，只是要看你把这种能力用在了相信什么上。

问问自己，你通常是相信自己行，还是相信自己不行？

无论是哪个选择，你都要明白，自己原来是那么自信！

自信是每个人都拥有的能力，只是要看你把这种能力用在了相信什么上。

石头

"弱者说,逆境是绊脚石,碰上它,会跌入失败的深渊;强者说,逆境是垫脚石,踩着它,可以登上成功的高峰。"

这是一位朋友发给我的短信。

有一个故事正好是这段话的注脚:

一头驴不小心掉到了井里,它的主人——一位农夫决定放弃它并且把井填上,以免别的牲口再掉进去。农夫叫来邻居一起往井里填土。一开始,这头驴悲哀地号叫着,但很快它安静下来。它开始不断地把落在背上的土抖掉,迈步用脚把土踏实,然后站到逐渐垫高的土堆上。最后,农夫惊讶地看见这头驴竟然自己跳了出来。

这个故事启示我们:生活会不断把各种各样的"污泥"或者"石头"撒在我们身上,应对的窍门是抖掉它并向上踏一步。

"石头"代表了我们生命中的逆境。有一本书里说:"你要能够识别,逆境其实是乔装打扮的机遇女神。"

我一位朋友的说法更有意思:"只有逆境才能帮助我们打通任督二脉!"

在我们的生活和工作中,难免会碰到形形色色的"石头"。

每一块"石头",都是检验我们是强者还是弱者的试金石,也是帮助我们进步的恩师,所以——

感激伤害你的人,因为他磨炼了你的心志;

感激欺骗你的人,因为他增进了你的智慧;

感激中伤你的人,因为他砥砺了你的人格;

感激鞭打你的人,因为他激发了你的斗志;

感激遗弃你的人,因为他教导你学会独立。

逆境是垫脚石,
踩着它,可以登上成功的高峰。

在情绪中照见

情绪只是送信的信使。

拆开情绪送来的信件,

我们可以读到心声的起伏。

在情绪中照见智与愚,

照见当下的起心动念。

爱与喜欢

我们常常把喜欢误以为是爱。

那么到底什么是喜欢,什么是爱呢?

下面我会从心态的角度将二者加以区分。

所谓喜欢,就是你符合我的标准我就喜欢你。你的长相、身材、做法刚好符合我的标准,所以我喜欢。如果有一天你年老色衰了,你的做法改变了,我就不再喜欢你了。

而爱,无关自己的标准,有关对方的需要。比如我们说德兰修女是一个平凡而有大爱的人。德兰修女在加尔各答的街上照顾那些麻风病人,她是爱这些需要帮助的人,而不是喜欢麻风病。

爱不是占有,不是依赖,不是交换。

爱是关于对方的。

喜欢是关于自己的。

当你分辨不清爱还是喜欢的时候,可以自问一句:"我的爱使对方幸福吗?"

据说,这是检验真爱的唯一标准。

爱，使对方快乐和幸福。

恕（一）

子贡问孔子："哪个字是可以终身去实践的？"

孔子的答案并不是"忠、孝、礼、义、信"中的任何一个字。

孔子的答案是"恕"。

恕——如心。如谁的心？如别人的心，意思是将心比心。

将心比心，才能明白别人。

恕是一种态度，更是一种气度。

恕，并不代表包庇他人的缺点。恕，是跟他人的过去说再见；同时，也支持他人重新开始，去创造新的将来。

过分执着地去爱一个人或恨一个人，到头来你就成了为这个人而活。因为这份执着让你没有能力真正为自己而活。

而这样的生活，值得吗？

宽恕，就是把生活的自由真正还给自己！

《宽恕的好处》一书的作者弗雷德里克博士在书中写道："懂得宽恕的人不会感到那么沮丧、愤怒和紧张，他们总是充满希望。所以宽恕有助于减少人体各种器官的损耗，降低免疫系统的疲劳程度并使人精力更加充沛。"

宽恕不是为别人，也不一定能改变错待你的人，但宽恕能解放你的灵魂。

我突然明白了诗人非马的那首小诗：

打开鸟笼的门，让鸟飞走，把自由还给鸟笼。

当我们愿意恕的时候，第一个得到好处的，其实是我们自己！

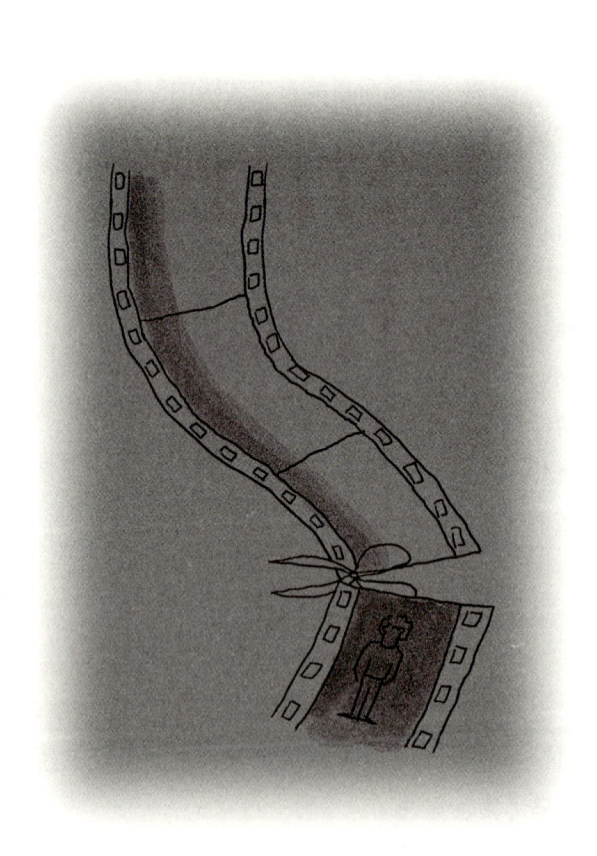

恕是跟他人的过去说再见。

恕（二）

南非的图图大主教说："没有宽恕就没有未来。"

我猜他是针对南非历史上黑人与白人之间那么多恩恩怨怨说的。

从这句话可以看出：宽恕是为了未来。

反过来说，如果我们不愿意宽恕，则是因为过去。所以，"恕"不是退让，而是对未来的投资。

有人把人生幸福的智慧总结为以下三点：

不要用别人的错误来惩罚自己；

不要用自己的错误来惩罚自己；

不要用自己的错误去惩罚别人。

宽恕他人，同时也要宽恕自己。很多时候，我们最难宽恕的人，其实是自己。

我们每个人都有犯错的时候，面对错，我们的反应往往是"怒"。

而从"怒"转化为"恕"，并不代表漠视或遗忘历史，而是让我们的目光从"错"与"惩罚"转向生活的前方。这样，我们才能卸下过去的包袱，轻装上阵，去创造崭新的未来！

怒

看看"怒"字的构造,"心"加"奴"——愤怒说明你没有驾驭好自己内心的情绪,成了心的奴隶、情绪的奴隶。

有一次,一位企业主管对某件事非常生气,大发雷霆。

他的上司在跟他沟通时启发他:"如果我是你的对手,我会故意说一些话激怒你,因为你必然会失去理智。"

上司表达的意思很清楚,他实际上是在告诉对方——你的情绪按钮没有掌握在自己手中,而是掌控在别人手中。

从这个角度看,发火者表面上看很厉害,是个强者,其实相反。因为这样做正说明他掌控不了自己,不能生命自主。

正如一位企业家告诫下属时所说的:"生气是无能的表现。"

想一想确实是这样。因为,如果我们真有能力的话,一定会有更多的选择。

广东有句俗语叫"火遮眼"。

意思是说怒火遮住了你的眼睛,愤怒让你失去理智,让你失去判断和选择的能力。

愤怒一分钟,你就失去六十秒的安宁。

愤怒还是安宁，做情绪的奴隶还是做心灵的主人，只是一种选择。善于选择的人，就是善于生活的人。

驾驭不了内心的情绪，就会成为心和情绪的奴隶。

痛苦

中医上常说"通则不痛，痛则不通"。意思是我们身体上感觉到痛的部位说明那里的经络不通畅了；如果那个部位的经络通畅，就不会产生痛的感觉。

我想说，这个说法不仅适用于人的生理，也适用于人的心理。

痛是身体的感受，属于生理范畴；苦是我们对痛的看法，属于心理范畴。

如果我们心理"通"了，生理上的"痛"其实不一定能导致心理上的"苦"。因为，在"痛"和"苦"之间存在一个选择的机会。

身体上是"痛"还是"不痛"，也许我们无法决定，但是心理上是"苦"还是"不苦"，我们可以选择。

你可以选择"痛"之后是"苦"，也可以选择"痛"之后是"快"。

比如打针，打的时候感觉到"痛"；但面对这个"痛"可以有不同的看法。

如果你觉得："哎呀，我好惨啊，为什么偏偏是我要承受这样的痛楚？"那么，你通常会觉得痛苦。

如果你认为："打了针后疾病会好，身体会健康，长痛不如短痛！"也许，你就会觉得痛快。

有智慧的人说："重要的不是事情的发生，而是我们面对事情的态度。"

事情已经发生，我们无法改变，而面对事情的态度却掌握在我们自己手里。

生活难免会有"痛"的时候。既然"苦"的态度于"痛"无补，我们何不让自己"痛快"一点呢？

紧张

很多人对于在公共场合发言会感到紧张，哪怕这些人在自己的专业领域做得很好。

实际上，紧张没什么大不了，紧张很正常。

紧张说明你对这件事、这个场合很重视。如果不重视，你也许就不会紧张了。

紧张也代表你很想把这件事情做好。

紧张往往是因为我们怕说错，怕做错，怕别人看到我们不好的形象。

其实，错也不是问题，所谓"错"只是我们迈向对的一个台阶。

我们无法缓解紧张的情绪，也许就是因为我们觉得紧张是不对的，是不应该的，是不好的。我们越是批判、抗拒紧张，就越会加重、强化紧张。

告诉自己可以紧张，告诉自己可以犯错，这样的心态反而可以缓解紧张。

我们常有这样的假设，以为只有克服了紧张才可以好好说话，才可以好好做事。

其实未必,你也可以一边紧张一边说话,一边紧张一边做事。很有可能,你的注意力转移了,就不觉得紧张了。

所以,学会放下你的紧张。

实在放不下,就跟它做朋友吧。

生气（一）

唐代著名的慧宗禅师为弘法讲经常云游各地。有一次，他临行前吩咐弟子看护好寺院的数十盆兰花。

弟子们深知师父酷爱兰花，因此侍弄兰花非常殷勤。但一天深夜，狂风大作，暴雨如注，偏偏弟子们一时疏忽没有将兰花搬进屋里。第二天清晨，弟子们眼前是倾倒的花架、破碎的花盆、残败的兰花。

几天后，慧宗禅师返回寺院，众弟子忐忑不安地上前迎候，准备领受责罚。得知原委后，慧宗禅师十分平静。

他宽慰弟子们说："当初，我不是为了生气而种兰花的。"

就这么一句平淡的话，令弟子们肃然起敬，同时有如醍醐灌顶，皆有所悟……

这就是智者的生活态度。

回想一下，我们平时有多少生气的时候，为什么而生气——为塞车、为天气、为股票、为别人的态度、为自己的遭遇……

我们生气的目的是什么呢？

要么是用生气来惩罚自己——拿别人的错惩罚自己，或者拿自己的错惩罚自己。

要么是用生气去惩罚对方——因为是对方的错。

但是，生气就能惩罚对方吗？

要惩罚对方就一定要生气吗？

你是想惩罚对方，还是想让对方改进呢？

惩罚就能让对方改进吗？是否有别的更好的方式呢？

人生仿佛总有生不完的气。可是，我们当初来到这个世界上，是为了生气的吗？

要想不生气，就学一学慧宗禅师，想一想自己的初衷是什么。这也是管理情绪的方式——清晰目标。

一位朋友跟我分享说："从我知道这个故事开始，我就告诉自己，别再生气。如果我今天生气，我就亏了；如果我今天开心，我就赚了。"

你想赚还是想亏呢？我猜我们的答案是一样的。

生气（二）

生活中常有这种情况：当一个人生气时，你问他怎么了，他会说是某某人让他生气的。

别人让我生气。实质上是在说这是别人的责任。问题是，就算是别人的责任，你就必须生气吗？这种说法好像自己没得选择——别人可以气你，这是他的决定；但你也可以不被他气，这是你的选择。

俗话说，理直气壮。其实，理直，气也可以柔。

有人说："如果敌人让你生气，那说明你还没有胜他的把握；如果朋友让你生气，说明你仍然在意他的友情。"

我读过这样一个故事：

古代有一个叫爱地巴的人，每当他和人起争执、生气的时候，就会以很快的速度跑回家，绕着自己的房子和土地跑三圈。

在爱地巴的努力下，他的房子越来越大，土地也越来越多。但即便如此，只要与人争论生气，他还是会绕着房子和土地跑三圈。

"爱地巴为何每次生气都绕着房子和地跑三圈呢？"认识他的人心存疑惑，但是不管怎么问，爱地巴都不愿意说明原因。

后来，爱地巴老了，他的房子更大了，土地也更多了。但他生了气，仍然要拄着拐杖艰难地绕着土地和房子走三圈，等他好不容易走完三圈，太阳已经下山了。爱地巴坐在田边休息，他的孙子在旁边恳求他："阿公！这附近地区没有谁的土地比您的更大了，您为什么还像以前那样一生气就要绕着土地走三圈呢？"

爱地巴禁不住孙子恳求，终于说出隐藏在心中的秘密。他说："年轻时，我一和人吵架、争论、生气，就绕着房子和土地跑三圈，边跑边想——我的房子这么小，土地这么少，我哪有时间、哪有资格去跟人家生气？我一想到这些，气就消了，于是就把所有的时间都用来努力工作。"

孙子问道："阿公！您年纪大了，又变成了富有的人，为什么还要绕着房子和土地走呢？"

爱地巴笑着说："我现在还是会生气，生气时绕着房子和土地走三圈，会边走边想——我的房子这么大，土地这么多，我又何必跟人计较呢？我一想到这些，气就消了。"

气满还是气消，取决于你怎么想。

你当然可以生气，不过，请记得看一看生完气的效果如何。

我们也可以把目光放长远一点来看，如果过三十年再来看，这件事还值得生气吗？

三十年河东，三十年河西。那个时候你的选择又会是怎样的呢？

开心（一）

中国的汉字是很奇妙的，很多字词中蕴涵着生活的哲理。比如"开心"这个词，就直观地告诉了我们开心的秘密。

"开心"的意思是，打开你的心，你就会得到开心。

反过来说，不开心就是因为我们没有把自己的心打开。

一天，上帝和天使们召开了一个会议。

上帝说："我要把幸福和快乐的宝藏埋藏到一个隐秘的地方，不让人们轻易找到。因为太容易找到的东西他们不会觉得珍贵，也就不会好好珍惜。你们谁可以告诉我，藏在什么地方好呢？"

一位天使说："把它藏到最高的山上或者密林深处，这样人们就难以找到了。"

上帝摇头说："高山密林现在对人类来说已不是什么挑战，他们不是经常征服一座又一座高山吗？"

另一位天使说："把它藏在大海最深的海沟里，这样就不太容易被发现了。"

上帝还是摇头："人类现在潜水的本领也越来越大，这个也不算是真正的挑战。"

天使们各抒己见，但是都无法令上帝满意。

最后，有一位天使说："我认为，还是把幸福和快乐的宝藏埋藏在人们的心里吧！因为他们总喜欢向外寻找、征服，很少想到向内挖掘幸福快乐的宝藏。"

上帝说："这才是我想要的答案。"

我们每个人本来都是一颗"开心果"，只是在外面包了一层壳。要开心，就要打开这层壳。

把心打开，向内发现，幸福和快乐的宝藏就在里面！

把心打开，向内发现，
幸福和快乐的宝藏就在里面！

开心（二）

我问了很多人："你想过什么样的生活？"他们在思考片刻之后常常回答："也没什么特别的要求，过得开心就好。"

然而，如何过得开心呢？

有些时候我们不开心是因为觉得自己没有取得令人满意的成果，所以没什么值得开心的。其实，开心是针对过程，而不是针对结果的。结果很短暂，而过程很漫长。

当你能享受过程的开心时，往往也能取得好结果。

在一次训练中，有一位学员问了我同样的问题："老师，我常常觉得不开心，你能不能告诉我，如何才能活得开心？"

我的回答是："你不开心，通常是你没让别人活得开心。"

你要开心，就要先让别人开心，先让这个世界开心。

你要赢，就要先让你的员工赢，先让你的客户赢。

中国的文字在表达上是很准确的。比如"快乐"这个词，钱钟书是这样解析的："快乐的'快'字已经决定了乐的本质——乐是很快会过去的。"

我想补充的是，乐也可以很快再来，如果你愿意的话。

因为，开心和快乐，都掌握在你自己手里。

开心（三）

如何让自己开心呢？有一篇文章总结了几条让人开心的原则：

把你的心从憎恨中解脱出来；

把你的头脑从担心中解放出来；

简单地生活；

给予更多，索取更少。

对于上述这几条原则，我从自己的理解做出如下阐释：

我们憎恨谁，本质上就变成了为谁而活！为别人而活的人当然找不到属于自己的那份开心，因为我们把所有的力量都用来憎恨别人了。

担心太多则是自己吓自己，自己跟自己内耗，因为对未来的担心而错过当下的快乐。能够搞定的事根本无须担心，搞不定的事怎么担心也没用。

简单地生活即平平淡淡才是真，就像《菜根谭》中说的："嚼得菜根，百事可为！"实际上，吃太多的美味反而会破坏你的味蕾，久而久之，什么美食都难以带来味觉上的享受。平平淡淡的生活态度可以让我们的味蕾保持敏感，从而享受到更多美味！

给予更多和索取更少是相辅相成的。违背这一条原则,我们就会因为贪婪而背负沉重的包袱,且无法享受原本美好的生活!

有位同行跟我分享:"心是个口袋,东西少一点叫心灵,多一点叫心眼,再多一点叫心计,更多一点叫心机。"

所以,简单就是开心。

开心,其实就这么简单!

幸福

幸福是一门学问，而且是人生的大学问。

范伟在一部电影中说："幸福就是我饿了，看别人手里拿个肉包子，那他就比我幸福；我冷了，看别人身上穿一件厚棉袄，他就比我幸福……"

他的逻辑是：天冷了，你有棉衣，我没棉衣，你就比我幸福。

这些话通俗易懂，容易引起共鸣，所以广为流传。但细究起来，话里隐藏的其实是与人比较的心态。一本叫《让自己过上悲惨的生活》的书里写道："和人比较，你会发现自己很悲惨。"

我想试着把这种说法改变一下，以此来探讨关于幸福的学问。

第一种改变：天冷了，你有棉衣，我没棉衣，我还比你幸福。这种人的精神力量足够强大。他的幸福不需要物质来保障，他的幸福取决于他自己而不是棉衣。

第二种改变：你有棉衣，你可以幸福；我没棉衣，也值得幸福。你有棉衣，有物质，值得幸福；我没棉衣，但还拥有生命，我也可以幸福。你幸福你的，我幸福我的。这种人洒脱豁达，不需要跟别人比较。

第三种改变：你有棉衣，我不羡慕你，我祝福你。你可以因为我的祝福更幸福。这种人有气度，有智慧。爱人者，人恒爱之。钱是越赚越多，爱是越给越多。天理循环，你给出去的幸福迟早会回到你自己身上。

幸福，跟我们的看法有关。

我很欣赏一位朋友的说法："幸福不在外面，不在房子上，不在车子上，不在别人的笑容里，而在你的心里。如果一个人不懂幸福，给他什么他都不会幸福；如果一个人懂得幸福，他始终都会幸福。"

委屈

古人说,大丈夫能屈能伸。

今人说,格局是被委屈撑大的。

严谨地说,委屈是撑不大格局的,撑大格局的是我们的看法。

较真地说,认为自己"委屈",本身就是弱者思维,就是自己吃了亏还无法表达,颇有一种"哑巴吃黄连,有苦说不出"的感觉。

再进一步剖析,我们会发现,认为自己委屈的人一方面把自己看成弱者,把对方看成强者;另一方面心里又渴望被认同、被理解。然而,用委屈的态度去求却往往求而不得。

反过来说,真正有格局的"大丈夫",会把自己看成能自主选择的强者——你可以来"委"我,但我未必会"屈"。"委"或"不委"是你的做法,"屈"或"不屈"是我的决定。我的快乐也无需建立在别人的认同上。所以常常能够不求得之。

委屈或委而不屈,忍受或忍而不受,其实都是我们内在心境与外在处境的关系。

改变处境通常需要付出较高的成本,而调整心境只在转念之间。

难

困难像弹簧，

看你强不强。

你强它就弱，

你弱它就强。

从上述四句话可以看出，困难究竟"难"还是"不难"，在于你如何看待困难和你自己。

如果你认为这个"困难"很强大，自己很弱小，那么"困难"就会真的变得很难；如果你认为自己很强大，而"困难"不可怕，那么困难就不会那么难。

很多时候我们在困难面前轻易放弃，就是高估了"困难"而低估了自己。

你遇到的困难其实别人也曾遇到，你的企业遇到的困难你的对手往往也会遇到。

成功往往就在于谁在遇到困难时能够坚持得久一点。

而且，越是困难的事情，在成功之后你会越有成就感！

"难受"一词的另类解释就是：艰难之后才能拥有真正的享受！

在情绪中照见

起伏的都是音乐,不平的都是风景。换个视角,困难也可以成为乐趣。比如玩电子游戏的高手认为难度太低的游戏没意思。一位明星在一个广告里说:"因为难,才好玩。"这是对困难的另一种态度。

困难像弹簧,
看你强不强。
你强它就弱,
你弱它就强。

你的眼界就是你的世界

视野比视力重要。

我们赚不到认知以外的钱,

也得不到认知以外的幸福。

我们的眼界就是我们的世界,

拓展我们的眼界,就拓展了我们人生的边界。

偏

"偏"字左边一个单人旁，右边是一个"扁"字，顾名思义，把人看扁了就是"偏"。

俗话说，门缝里看人——把人看扁了。人一旦有了自己的偏见就会把"人"看"扁"，或者反过来说，把人看扁是一种偏见。

《读者》杂志上曾刊登过这样一个故事：

一位年轻的作家看到一个修鞋匠在街边修皮鞋。这个修鞋匠看上去非常慵懒和不专心，总是敲几下就休息一会儿，而且手法一点都不纯熟。于是作家想："这个人做了修鞋匠却不认真工作，如果他继续这样下去很可能连这份工作都会丢掉。这种人真是不懂珍惜、不知上进！"

作家继续往前走，到拐弯处不经意地回头又看了一眼，却突然愣住了——他看到那个修鞋匠只有一条腿！作家对修鞋匠的看法立刻转变了："原来这个修鞋匠是这么的坚强、这么的热爱生活啊！他身体残疾了还在工作，真是个值得尊敬的人！"

很多时候，我们在只看到事物的一个方面时就急于下定论，于是以偏概全，形成了"偏见"。

在现实生活中，如果你对一个人有看法，那不妨问一下自己："这是他的全部，还是他的一部分呢？"

也许拐个弯儿，回头多看上一眼，你的看法就会改变！

笨

笨：竹 + 本。

"笨"这个字最早是形容竹子结构的。《广雅·释草》曰："竹其表曰箁，其里曰笨，谓中之白质者也。"意思是说，竹子的表皮是箁，里面白的部分是笨。因为竹子的中间是空的，所以后来形容没有学问的人就说其"笨"。

"笨"字下面是一个"本"字，我理解"本"的含义就是安守本分。

坊间有一个流传很广的曾国藩的故事：

曾国藩的天资并不高，却勤奋用功。有一天晚上，他正在背书，屋外来了一个小偷。这个小偷躲在屋檐下，想等这个读书人就寝后溜进屋里偷东西。

可是小偷等了一个多时辰，屋里的人却始终在背同一篇文章，而且结结巴巴的。小偷等得腰酸背痛，心中恼怒，便跳进屋里，对着曾国藩大骂："你这个笨蛋，读什么书？我听你念三遍就会背了，你背了一个多时辰还不会背吗？"说完，便在曾国藩面前流畅地将文章背诵了一遍，之后扬长而去。

曾国藩又吃惊又羞愧，吃惊的是一个小偷的记忆力竟能如此之好，羞愧的是自己竟然连小偷都不如。但他也因此更加发奋努力。

几年后，曾国藩高中举人，被派到某地做官。一天，有个惯偷被抓了，在审这个惯偷的时候，端坐高堂之上的曾国藩觉得跪在下面的犯人很眼熟，原来他就是多年前那个夜里嫌自己不够聪明的小偷。

曾国藩笑着对小偷说："小偷大哥，当年我因为你的聪明懊恼不已，但是聪明如你者，怎么到今天都还只是个贼？"

看似笨拙的曾国藩成了一代名臣，而那个貌似聪明的小偷，却依然只是个小偷。

正所谓憨人有憨福。有时候，笨未必是件坏事，只要勤奋，就可补拙。

态（一）

繁体字的"态"是这样写的：態，上"能"下"心"。

上面的"能"代表一个人的能力，延伸来说包括技能、技巧、方法、知识等；下面的"心"则代表人的心态、观念、想法等。

造字者之所以把"心"安排在"能"的下方，是有一定道理的。我的解释是，心态是技能的根基。很多时候我们达不成目标，不是缺少技能，而是态度出现了问题。

失败者找借口，成功者找方法——当我们不愿意做某件事的时候，往往能找到一千个理由、一万个借口；而当我们愿意做某件事的时候，也可以创造出一千种可能、一万种方法。

现在，已经有很多人认识到态度的重要性。不少管理者在激励员工时都会说这类话："观念一变，市场一片""只要思想不滑坡，办法总比困难多"等等。

日本心理学家本明宽提出，人类的能力可分为三个层面：智力、技能、态度能力。

他说："如果想要在家庭、学校、职场及社区中获得成功与幸福，对人际关系的处理是最为重要的。到了现在，态度能力也格外受到关注，甚至远超智力、技能。"

即所谓"能力胜于知识,态度胜于能力"。

广东人的说法更为通俗易懂,他们将比武获胜的要诀简洁地总结为三点:一胆,二力,三功夫。

意思是要想打赢别人,首先要有胆,也就是要有胆量、有自信、有勇气;其次是要有力量,也就是身体素质;最后才是功夫,也就是招数。

这是从实践中总结出来的真知,我们要有知识、常识、见识、学识,更要有胆识。

很多例子都证明,有"胆"才有"识"!

而真正的成功之道,就包含在"态"字的构造中——能力＋心态。

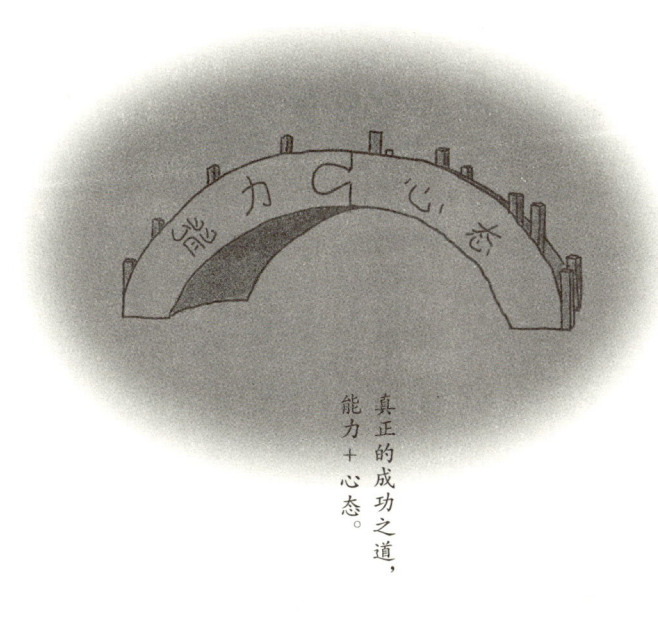

真正的成功之道,能力＋心态。

态（二）

比尔·盖兹曾说："工作本身没有贵贱之分，而对于工作的态度却有高低之别。收获的是成功还是失败，在于你拥有怎样的态度。"

态度与能力，也可以说成是品德与才能。有才无德者，是团队中的危险品。因为没有德为基础，一个人的"才能"可以用来成事，也可以用来败事。

中国足球前主教练米卢曾说："态度决定一切。我给国家队带来的东西，最重要的不是技术，而是心态。"因为他明白，只有出众的个人球技，没有团队协作的意识是很难赢得比赛的。

电视剧《士兵突击》中的成才，枪法精准，堪称"枪王"，然而因欠缺团队精神，曾被他的队长袁朗赶出特种部队。

袁朗在赶他走的那一刻语重心长地跟他说："你该想的不是怎么成为一个特种兵，而是善待自己做好普通一兵。"

意思就是，你不仅要掌握特种兵的技能，更要具备一个优秀士兵的心态。也就是我们常说的"先学做人，再学做事"。

哈佛大学的一项研究表明，一个人的成功，85%是因为他具备积极主动的态度，15%是因为他的智力。

这说明，在未来的竞争中，品格才是决定胜负的关键。

错

错——一个"昔"字加一个"金"字,也就是"昔日的金子"。

"昔"字表明错是属于往昔的。过去的就过去了,后悔与难受都没有用。

不要用过去的错惩罚今天的自己。圣雄甘地说:"如果不包括犯错误的自由,那么,自由就不值得拥有。"

而"金"字表示我们所犯的"错"里包含着金子。"错"自有"错"的价值,最简单的例子是,错币最值钱。

有一位化学家想要寻找一种新材料,试验了几百种材料都没成功。别人替他惋惜:"你做了这么多实验都没有成功,全都白费了,真可惜。"他却说:"没有白费,起码我知道了几百条行不通的路,以后就不用再走这些路了。"

有一次,发明家爱迪生的实验室着火了。因为火势太大无法扑救,实验室被烧了个精光,大家都很难过。爱迪生望着燃烧的大火却突然哈哈大笑起来。旁边的人以为他受不了火灾造成的重大损失,疯了。结果爱迪生对大家说:"这把火烧得太好了,它烧掉了我全部的错。"没过多久,爱迪生就发明了留声机。

其实,"错"是让我们朝着"对"调整的"校准器"。

害怕犯错的人是弱者——因为不敢尝试而失去机会其实也是一种错。

　　敢于犯错的人是勇者——第一次犯错不是错，是试错。试错需要成本，错过也需要成本。错是探索的代价，在合理的范围内允许犯错甚至鼓励犯错，就是鼓励探索，鼓励创新。所以有人甚至说："人不犯错就不可爱。"

　　重复犯错的人是愚者——重复犯错才是真正的错，说明犯错者没有吸取教训，缺乏反省能力。

　　在"错"中学习的人是智者——学习让所犯的"错"焕发出价值。学习让每一次"错"都成为"对"的投资。

　　如果能第一次就把事情做"对"当然好。

　　然而，人非圣贤孰能无过。

　　既然难免犯错，何不让自己交完"错"的学费后真正毕业。

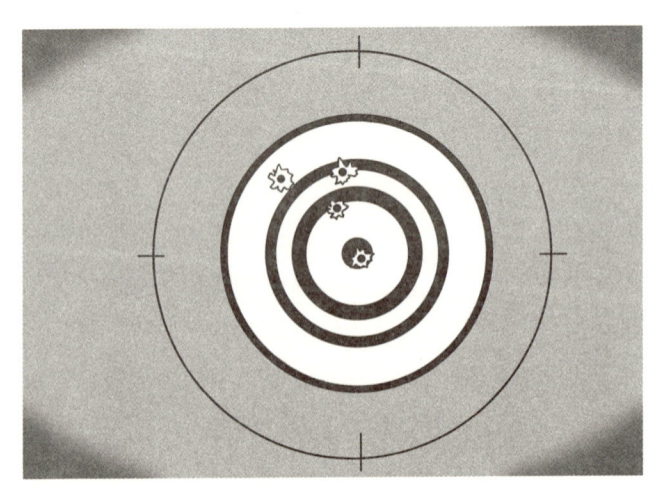

> 错是让我们朝着"对"调整的"校准器"。

养

电视剧《经天纬地》中丝织厂的掌柜尚达志问他请来的账房吕先生："人家说在商言商，而我经商十余年一点生意经没学会。每当遇事总想到少年时在书院里所学的圣人之学，我是否根本就不适合做生意呢？"

吕先生回答："商人也分三六九等。下等的商人在争利，他们轻义重利，成天尔虞我诈，算计他人。这样的人害人害己，迟早会踏上不归之路。中等的商人在取利，他们随波逐流，行事中庸，八面玲珑。赚时多赚，赔时少赔。最终也能积攒些家业。大部分商人都是这样的。上等的商人在养利，他们重义轻利，先做人再行商，先积善缘再结善果。最后自然是水到渠成。"

最后吕先生对尚达志说："您就是这种上等的商人。"

争利、取利、养利——对待"利"的方式，决定了商人的等级。

现在是信息化的时代，竞争越来越激烈，还有多少商人是在"养利"呢？

"养"字背后是耐心——耐得住暂时无利的寂寞过程。

"养"字背后是远见——看得到终有回报的公平结局。

正所谓"小寂寞小成功，大寂寞大成功"。

我突然想起一些善品茶者所说的"茶壶也要养"。

会养壶的人,将壶用好茶精心地养。假以时日,壶就可以达到注入白水亦有茶香的美妙境界。

而吕先生所说的上等商人养利的过程不就是茶客养茶壶的过程吗?

上等商人用心于"义",久而久之,那种淡雅的茶香——"利"的回报自然就出现了。

念

念：今 + 心。

有一位法师说："正念就是我们要将心放在现在、此刻、当下。"

我们可能多次听过"活在当下"的说法。不过，此刻我想请你忘掉过去的经验，活在这一篇文章中，活在你正在阅读的每一个字里。

人总是为过去的事后悔，为未来的事担忧。如果人能够真正活在当下，是不会有烦恼的。

有一位朋友分享了下面这个自己活在当下的故事。

他帮一家酒店策划了一次演艺活动，准备邀请一个由中国的大牌明星组成的足球队到酒店与观众一起吃饭，并进行表演，还联系了电视台现场直播。在活动的头一天晚上他接到通知，原定第二天下午六点半到达的明星们要到晚上九点才能到。可是票已经卖出去了，就算退钱也挽回不了酒店的信誉。

我这位朋友身边的好多人都崩溃了——事情怎么会搞成这样？

我这位朋友说："既然事情已经这样了，那我们就活在当下，接受这个现实吧！我们来看看最坏的情况是怎样的，有没有补救的办法。"经过讨论，他想到了一个补救的办法——在第二天大做广告，通知观众吃饭的时间不变，但表演时间改为晚上九点。除了各大报纸广为宣传之外，电视台也每半小时播报一次。

最后的结果是，不但没影响活动效果，而且因为投放了大量广告，还吸引了更多观众。

把握现在，更能创造未来。

生活就好像一部电影，每一秒钟都可以是电影的开始，你可以重新去导演后面的剧情。不用纠结已经过去的过错或错过，你的人生每一秒钟都可以重新开始。

臭

臭：自大多一点。

最臭的不是外在的气味，而是内在的脾气，所谓"臭脾气"。外在的气味容易躲过，内在的脾气却不容易改变。

臭脾气往往是因为自大：老子天下第一。

而狂妄自大是因为我们"不知天高地厚"——对自己和世界的认知有偏差。如果真正了解了自己和世界的关系，就会变得谦虚谨慎。

下面这个例子能很好地说明这一点。

有一天，苏格拉底和弟子们聚在一起聊天。一位家庭相当富有的学生，趾高气扬地向所有同学炫耀他家在雅典附近拥有的一望无边的肥沃土地。当他口若悬河大肆吹嘘的时候，一旁不动声色的苏格拉底拿出了一张地图，然后说："麻烦你指给我看看，亚洲在哪里？""这一大片全是。"学生指着地图回答。"很好！那么，希腊在哪里？"苏格拉底又问。学生好不容易在地图上将希腊找了出来，和亚洲相比，希腊实在是太小了。"雅典在哪儿？"苏格拉底又问。"雅典，那就更小了，好像是在这儿。"学生指着地图上的一个小点说。最后，苏格拉底看着他说："现在，请你给我指出你家那块一望无边的肥沃土地在哪里。"学生急得满头大汗,他家那块一望无边的肥沃土地在地图上连个影子都没有。他尴尬地回答道:"对不起,我找不到!"

你绝对可以很"自大"!不过,真正应该"大"起来的不是外在的物质,而是内在的气量和胸怀。

真正该"大"的是人的气量和胸怀。

看法

有位员工开会时总是躲在角落里，从来不愿意主动发言。

领导问他原因，他说怕讲不好，别人会对他有看法。

现实中，这样的人很多。

其实，深究一下我们就会发现，"担心别人有看法"，准确地说，是担心别人对自己有负面的看法——如果别人对你有正面的看法，你会担心吗？

怕自己讲不好别人有看法，其实是先假设了如果自己讲好了别人就会没看法，也假设了自己不发言别人就会没看法。实际上，无论你讲得好还是讲不好别人都会有看法，甚至你不发言别人也可能对你有看法。

可以这样说，无论你怎样选择，别人都会有看法。

看法是人家的，你决定不了。你可以决定的是自己要做什么。我们可以倾听和接受别人的意见，但这绝不等于为别人的看法而活。

我们对于别人"看法"的看法，其实反映了我们与人相处的态度。

有时候我们觉得别人重要而自己不重要，这就是为别人的看法而活，别人的看法就成为我们活得更好的障碍。

而另一些时候我们觉得自己重要而别人不重要，这就又走向了另一个极端，即以自我为中心——太在意自我，自己就成了与别人交往的障碍。

不必非黑即白——如果你能明白自己重要，同时别人也很重要，你就可以与"看法"建立健康的关系。

主张（一）

有主才有张——有信念、有目标，才会有思路、有方法。

所谓"六神无主"，我们可以这样理解：没有信念和目标，所有的能力都发挥不了作用。

在电视剧《潜伏》中有这样一个情节，地下党的一位领导对刚加入组织的余则成说："由于工作特殊，很多时候，你的信念就是你的领导！"

"你的信念就是你的领导！"

这句话好像黑暗中的一道亮光，能为我们照亮前路。

很多时候，我们迷失、迷茫、不知所措，就是因为没有信念，没有目标。

其实，不仅从事特殊工作的革命者在特殊环境下需要这样的信念，普通人要创造自己的人生同样也需要这样的信念！

信念和目标比方法更重要。

电视剧中的余则成能应对艰难复杂的环境，能用智慧解决层出不穷的难题，一个重要的原因就是他有信念——他知道自己在干什么，知道自己为什么这样做。

当一个人发自内心地相信自己所做的事，就会产生力量！

所以，一个人重要的不是他所站的位置，而是他朝向的方向，他内心的主张。

主张（二）

我们已经走得太远，以至于忘记了为什么出发。

我常常听朋友分享关于选择的案例，有些是关于企业的，有些是关于家庭的，也有一些是关于人际交往的。

他们常感到纠结，没有主张。

接触这样的例子多了，我发现他们大多是因为在短期利益当中权衡，所以难以取舍。

这些人的口头禅就是"纠结""忐忑"。

其实如果我们能搞清楚自己的终极目标或核心目标的话，很容易做出选择。

基于短期利益，会患得患失，失去主张。

基于长远理想，会行事果断，信念坚定。

所谓"小人常立志，君子立长志"——小人随波逐流，哪里热门去哪里，所以经常更改目标；君子有长远目标，而且矢志不渝地追求，不会轻易放弃。

这里的小人其实未必是道德品质不高的人，更多是指目光短浅的人；而"君子"也并非指有多少过人之能的人，而是志向高远，做事有韧性的人！

在乎一时之得失，竞争一日之长短，内心难免迷茫。毛泽东诗云："牢骚太盛防肠断，风物长宜放眼量。"站得高、看得远，你就会找到生命的主张。

小人与大人

有一个朋友喜欢说一些无厘头的词语解释,比如"你有眼光就是你饿得眼冒金光",或者"你很优秀就是你优先生锈"。

这些解释常会让人开怀一笑。

不过有一次他解释的一个词倒让我陷入沉思。他说:"小人就是小看自己的人。"

小看自己,所以自暴自弃,以为自己只能做小事,最终真的成为"小人"。

而"大人"又是怎样的呢?

曲黎敏在她的一本养生书中写道:"甲骨文的'人'字如同一个人的侧面像,意在不敢直面人生。直面人生是什么字呢?是'大'字,我们看看甲骨文的'大'字,是人的正面像。如果敢于直面人生,人的格局就可以变大。"

简单地说,敢于直面人生,对人生有勇敢面对的态度,格局就会变大。

这就是大人。

人的"大"与"小"并不在于体格、财富、官职,而在于自己对自己的看法。

对自己有不同的看法,就会对自己有不同的要求,进而会有不同的外在表现。

改变对自我的看法,从自弃到自强,人就可以从"小"到"大"。

好关系，好人生

经营关系是生活的艺术，

是在红尘中的修行。

善待自己是智慧，

善待他人是慈悲。

和

一个"禾"字加一个"口"字,构成了"和"。

"禾",禾苗,延伸来说,泛指粮食。

"口",嘴,口的功能包括吃饭说话等,这里重点指"吃"。

有粮食吃,就能和。

我们纵观中外历史,老百姓造反大多是因为没有饭吃了,活不下去了,也就"和"不了了。

所以,要想"和",就要让别人有饭吃,有活路。

我们跟别人"和"不了,也许是因为我们唯我独尊,只看到"我",而看不到"我"之外的其他人!"我"一个人赢,成了我们共赢最大的障碍。

你赢他输,他不甘心;你输他赢,你不甘心。只要有人输,就难以言"和"——哪里有压迫,哪里就有反抗!

不仅是人,自然环境也是如此。人类消耗无度,杀鸡取卵,后果就是全球变暖!

和。

和平。

和为贵。

和气生财。

家和万事兴。

和则两利,斗则俱伤。

道理我们明白,然而真正要想跟别人"和",就要让别人有出路。与人方便,自己方便;给别人机会,就是给自己机会。

一个"和"字,展开无限活路!

患

"患"字，由一个"串"字加一个"心"字组成。

汉字的表达非常精妙，一个"中"字加一个"心"字则为"忠"，两个"中"字加一个"心"字则为"患"。

如果两个人能达成共识，就会形成一个中心。"患"是两个"中"叠在一起，再加一个"心"，意思就是两个以自我为中心的人在一起就会造成"患"。为什么有"患"？就是两个人的"自我"在交战。

在家庭里、在企业团队里，或者在任何合作关系里，不同的人聚在一起其实就是不同的处世标准聚在一起。

每个人都有自己的成长经历，因而也发展出自己的一套生存法则。如果每个人只是执着于自我的一套，就会产生"患"。

很多夫妻离婚的理由是性格不合。其实人跟人的性格肯定是不同的，至于合还是不合，就看双方能否放下自我，与对方融合。

一位朋友跟我讲过一个真实的故事。有一对恋人经过七年的恋爱长跑后结婚了。让所有人想不到的是，结婚仅七天他们就离婚了。更让人想不到的是，他们选择离婚，竟然只是因为挤牙膏的方式不同———一个从底部挤,一个从中部挤。彼此都看不惯对方的方式。

仅此而已。

正所谓:相爱容易相处难。

两个人相爱时通常只看得到对方好的一面,而相处则会使双方暴露真实自我,彼此的标准与习惯会产生碰撞。如果这时双方不能放下自我去包容对方,就有"患"了。

爱对方,就要接纳对方的缺点。

否则,你就要问问自己:"你所爱的究竟是对方这个人,还是自己的那一套标准?"

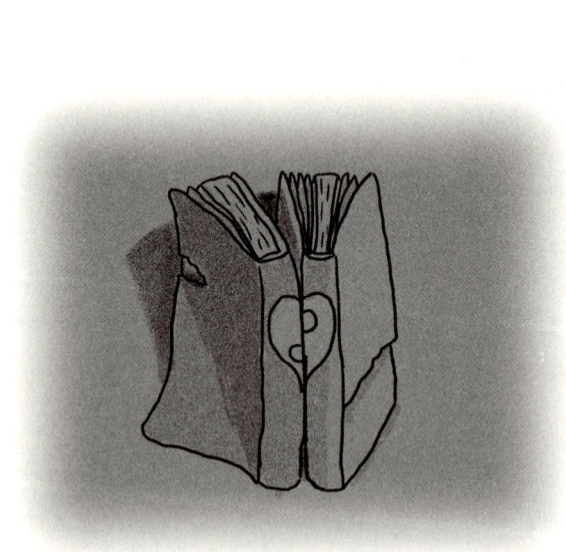

爱对方,就要接纳对方的缺点。

我

在寒冷的冬天，两只刺猬想要靠在一起取暖。一开始它们靠得太近，身上的硬刺刺伤了彼此。于是它们就离得远一些，可这样又不暖和，便又离近一些。反复如此，它们终于找到一个合适的距离，既不至于刺伤对方，又可以互相取暖。

这是人际关系的真实写照。"刺"就是我们的自我意识。

"我"字，在现代汉语中是第一人称代词，但在古代，"我"字最初的含义是一种兵器！留意看，你会发现"我"字的左边是一个"手"字，右边是一个"戈"字。

"我"，就是一只手拿着兵器。

之所以会出现"同室操戈"的情形，就是彼此的自我发生冲突，因而"刀兵相见"，给彼此造成伤害。

无数情感电影中千变万化的情节，实质无非就是两个人相处，一会儿患得，一会儿患失；一会儿患有，一会儿患无；一会儿患赢，一会儿患输；一会儿患爱，一会儿患恨；一会儿患生，一会儿患死。

这就是我们通常所说的相爱相杀，见又见不得，离又离不开。

太强的自我意识使人成为隐形的刺猬,反复探索距离的过程就是学习如何与别人的自我意识相处的过程。

从"我"到"我们",只不过是一字之差,却是人生的一堂大课!

贪

贪：一个"今"字加一个"贝"字，意为今天的宝贝。

今天的宝贝，带不到明天，不会长久。

我小时候听过一个故事，讲的是很久以前，一个人碰到了一位神仙。这位神仙答应满足这个人发财的愿望，施以法术让他进入一个满是金银珠宝的山洞。神仙告诉这个人，他可以随便带走里面的宝贝，但也警告他一定要在太阳下山前离开，否则就回不去了。这个人满口答应，但当他真正进入山洞时，却禁不住财宝的诱惑，拿了一件又一件，直到背上的口袋压得他寸步难移。眼看太阳就要落山，这个人却舍不得放弃到手的财宝。

最后，这个人死在了山洞中。

讲故事的人总结说，人为财死，鸟为食亡。

其实，财宝是无辜的，这个人是死在了自己的"贪"念上——他满口袋的财宝真的成了"今天的宝贝"，带不到未来。

也许我们会觉得故事里的那个人太傻，不懂生命比财宝可贵的道理。没有生命，再多的财富又有什么用？

但是，我们又能聪明多少呢？不妨问问自己：我们现在每天辛辛苦苦在追求什么？我们所追求的又有哪些可以带到未来呢?

　　有一次我去医院做检查,听到一个医生感慨地说:"现在的年轻人是牺牲身体的健康去挣钱,将来他们要花更多的钱来换健康。"

　　类似的情况实在太普遍。

　　每个人都要在"今天的宝贝"面前做出艰难的抉择!

舒（一）

舒：一个"舍"字加一个"予"字。

意思是让自己"舒服"的方式就是善于舍，善于给予别人。

中国人逢年过节时见面都习惯说"恭喜发财"，可见"财"对我们是多么的重要。金钱崇拜不是新鲜事物，古来有之。人们一针见血地讲出现实的残酷：钱不是万能的，但没有钱是万万不能的。所以，很多无神论者其实也信一个神，那就是财神！人们都乐意迎财神，拜财神。

古代人拜财神的心态跟现代人热衷于谈论马云、巴菲特、比尔·盖茨没什么区别，都是崇拜成功人物而已。

中国人所拜的财神爷范蠡是春秋时期真实的历史人物。

这位"古代的巴菲特"在帮助越王打败吴国后并没有享受高官厚禄，而是选择退隐江湖，成为一个以经商为生的生意人。这是范蠡"舍"的智慧，他懂得"功成、名遂、身退，天之道"！正是这个"舍"字，让他免遭杀身之祸。

范蠡的生意做得很好，很快就赚到很多钱。更难能可贵的是，范蠡三次将自己的财富布施出去，三次东山再起，到后来富可敌国。范蠡之所以成为生意人学习的榜样，被尊为财神，就是因为他善于"予"。

原来,"千金散尽还复来"不仅是诗人的浪漫情怀,更是财神的人生信条。

我们可以崇拜财神爷身外的"财富",但我们更应该学习他内心的珍宝:他的"舍予"心态!

舒（二）

一位朋友分享了下面这个故事。

穷人问智者："我为什么这么穷？"

智者回答："因为你没有学会给予别人。"

穷人又问："我什么都没有，如何给予？"

智者回答："一个人即使没有钱，也可以给予五样东西。颜施，微笑处事；言施，多说鼓励赞美和安慰的话；心施，敞开心扉，对人诚恳；眼施，用善意的眼光看待别人；身施，以行动帮助别人。"

所以，只要我们愿意，每天都可以给予。

路易斯·海在她的著作《启动心的力量》里写道："吸引财富的另一个方法是，奉献你收入的10%，这是个由来已久的定律。我喜欢把它当作是对生命的回报，当我们奉献了，生活就会越来越成功。"

"舒"字告诉我们：开心地给予才是真的付出。

有的人一边付出一边抱怨，一边付出一边难过。这让原本美好的付出变了味，沦为交易——得不到相应的回报，心中就生起埋怨和委屈。

明白"舒"的内涵,我们才会真正舒心、舒服、舒畅!

"舒"字的构造,已经明明白白地讲出了"施比受更有福"的道理。

懂（一）

人要享谁的福，必得明白谁的道。

——王凤仪

懂，首先要用心，将心比心才能懂得另一颗心。所以"懂"字是"竖心旁"。

"懂"字右边的草字头代表杂草，也就是干扰。这些干扰是什么呢？往往是我们自己的判断和标准。

而草字头下面是"重"，也就是说重点埋藏在杂草下。

在一次训练中，教练跟一位母亲对话。这位母亲说她很爱儿子，但不知道为什么，儿子很叛逆，不听她的话。教练给她的反馈是：你很爱他，但并不懂他。

无独有偶，另一位母亲抱怨儿子沉溺于游戏。教练问她是否了解游戏为什么吸引儿子。她说不知道。教练也同样提醒她："你不想让儿子打游戏，但不懂儿子爱什么，更不懂你的对手是谁，不懂对手是如何夺走了你儿子的爱，所以没能打败对手。"

因为不懂，所以我们的爱无效。

"爱"不等于"懂"，"爱"也不能代替"懂"！

实际上，某些时候，"懂"对方比"爱"和"恨"对方都更重要。《孙子兵法》早就说了："知己知彼，百战不殆。"

拨开我们自以为是、自我设限的杂草，才能抓住事物的重点，真正地"懂"。

不理解是因为没有读懂对方。

懂（二）

有这样一则寓言故事：一只兔子在湖边钓鱼，一连三天都没有收获。第三天，当兔子收起钓竿准备离开的时候，一条鱼蹦出湖面。这条鱼很愤怒地骂兔子："你这个小兔崽子，下次你再用胡萝卜作诱饵，看我不扁死你！"

汝之蜜糖，彼之砒霜。你喜欢的未必是别人喜欢的。但自问一下，有多少时候我们也是在做用胡萝卜钓鱼的事呢？

云南的一个朋友跟我分享了一个类似的故事。

有一个商场销售员，看到一位老太太进商场后在看冰箱，就热情地向老太太介绍某款冰箱的性能、价格、用电情况等等，还说最近这款冰箱搞活动有优惠。结果等他滔滔不绝地介绍完，老太太说："对不起，我是来买洗衣机的。"

我曾看到苏芩写的一段话："懂你的人，会用你所需要的方式去爱你。不懂你的人，会用他需要的方式去爱你。于是，懂你的人，常是事半功倍，他爱得自如，你受得幸福。不懂你的人，常是事倍功半，他爱得吃力，你受得辛苦。两个人的世界，懂比爱更难做到。"所以，要让那个懂你的人爱你。

有一首挺好听的歌叫《懂你》。

在我们说爱别人之前,先问问自己,我懂他(她)吗?

谦（一）

谦："言"字加"兼"字。

兼言，我们可以演绎为兼收并蓄不同的言论、不同的声音、不同的意见。

有一次，唐太宗李世民问大臣魏征："何谓明君？何谓昏君？"魏征回答道："明君之所以被称为明君，是因为能够听取各方的意见和声音，兼听也；而昏君是因为只听取片面的意见，偏信也。"

正所谓"兼听则明，偏信则暗"。

但要做到这一点，需要有谦虚的态度。

卦辞中说："谦，亨，君子有终。"

"谦"卦意为"谦逊""谦虚"。卦体中上卦为坤为地，下卦为艮为山。上卦为坤为顺从之意，还有朴实的意思；下卦为艮为高耸，为笃实之意；也就是让我们忍让不与奸人相争，处世要谦恭。所以谦卦为"亨，君子有终。"

自古就有"谦谦君子"的说法，可见，"谦"是君子的基本品质。

傅佩荣在《谦卦的修养》中指出，"谦"代表三个方面：

第一，自己还有无限的成长空间；

第二，人外有人，天外有天；

第三，后生可畏，"焉知来者之不如今也？"

研究一下《易经》的六十四卦我们可以发现，六十四卦中有六十三卦的"爻辞"不是吉凶参半，就是凶多吉少，或者吉多凶少，唯独谦卦的"卦辞"和"爻辞"全都是吉，没有凶。所以有人说："唯有谦卦，超越吉凶。"

真正懂得"谦"的人，是有福之人！

谦（二）

其实，谦卦包含着一种警惕意识、危机意识。

任正非很早就在华为培养危机意识，提出："华为的红旗还能打多久？"在流传很广的《华为的冬天》一文中他写道："华为总会有冬天，准备好棉衣，比不准备好。"

比尔·盖茨更加直截了当，他告诫他的团队："我们离破产永远只有12个月。"这种危机意识，正是微软保持世界领先的动力源泉。

松下幸之助也提出著名的"水库式经营法"，意思是企业经营要为不景气的时候做好储备，像建立水库一样确保旱涝有收。

美国航空巨头波音公司曾经专门拍摄了一部模拟公司倒闭的视频，以激发员工的危机意识。视频生动展现了波音公司倒闭的那一天，天空灰暗，公司门口高挂着"厂房出售"的招牌。伴随着扩音器里"今天是波音公司时代的终结，波音公司关闭了最后一个车间"的通知，所有员工垂头丧气地离开他们工作的厂房……这种身临其境的危机感让员工为之震惊，激发了他们的主人翁精神，他们开始加倍努力工作。

学中医的人都知道"上工治未病"，"治未病"的关键在于预防。所以，危机意识不是自己吓自己，而是防患于未然。

没有"谦"的精神，没有危机意识，也许就是最大的危机。

常胜将军的胜利往往建立在危机意识之上。

而正是这种谦虚谨慎的态度，让人超越吉凶，立于不败之地。

听

听的繁体字是"聽"。

要"听"当然要用到耳朵,所以自然以"耳"字作偏旁。

而繁体"聽"字的右半部分和"德"字的右半部分是一样的。

那么,"聽"和"德"又有什么关系呢?

我认为,"聽"字的构造说明,有品德的人才善于听别人讲话。

很多时候,我们听不到别人说话或不愿意听别人说话,是因为我们只关心自己想要的,而不关心别人想要的,这是一种自我的表现。因为缺乏与别人共赢的思想,所以不尊重别人,没兴趣关注别人说什么。

生活中我们常常说:"你听我说。"——想让别人倾听自己的说法,却没想过要先听别人的声音;想让别人理解自己,接受自己的想法,却没有关注别人的想法。

事实上,这是一种本末倒置的做法,往往达不到让别人接受的目的。

有一本名叫《领导力药片》的书中写道:"我愿意听你的,

你才愿意听我的。"

愿意听别人说什么,这是一种修养,是一种"德"。

较（一）

一位法师曾说："世界上有两种'较'不可信，一种是比较，一种是计较。"

计较产生得失心——赚还是亏，赢还是输，比什么都重要，有人因此锱铢必较。

"较"字是一个"车"字和一个"交"字组合而成的。

我猜这是因为人们最喜欢用自己的座驾来代表自己的地位。自己的"车"跟别人的"车"相"交"流，较量之下，心中就会较真，就要较劲。

当下的情况不正是这样吗？你开宝马，我就要开奔驰。

当然人们也喜欢比较房子，只是房子不能带到外面，最多就是在家搞 Party 时听到朋友进门时那一声"哇，好漂亮哦"，满足了虚荣心而已。

我们不仅喜欢比较物质，也喜欢比较人。

很多人喜欢讲这样的笑话：

有一个女人，上得了厅堂，下得了厨房，温柔美丽，贤惠大方，这个女人的名字叫——别人的老婆。

有一个孩子，工作好，又孝顺，又懂事，这个孩子的名字叫——别人家的孩子。

我们总认为，别人的东西是好的——别人的老公是好的老公，别人的老板是好的老板。

可是别忘了，你也是别人眼中的"别人"。

较（二）

我们可以比较车子和房子，因为这是我们的面子，代表我们外在的荣耀；但我们更应该比较孝心、比较善心、比较贡献，这是我们的里子，代表我们内心的丰盈程度。

在电视剧《射雕英雄传》里，周伯通跟郭靖讲黄裳与《九阴真经》来历的时候说："他那些仇人本来都已四五十岁，再隔上这么四十多年，到那时岂不一个个都死了？哈哈，哈哈，其实他压根儿不用费心想什么破法，钻研什么武功，只须跟这些仇人比赛长命。四十多年比下来，老天爷自会代他把仇人都收拾了。"

老顽童的意思是：比武功不如比寿命。

现实生活中也是这样。2011 年，我去云南游玩，同行有一位七十多岁的资深企业顾问，曾帮助国内某企业成功上市。他说："以前我喜欢结交商界、政界的朋友，现在我结交的都是老中医、营养师之类的人。"

我理解，以前他要跟别人比较企业业绩，而到了现在这个年龄，比较健康对他来说更有意义。

正所谓"健康是银行，快乐是利息"。

晚清名臣李鸿章曾写过这样一副对联：

享清福不在为官，只要囊有钱，仓有米，腹有诗书，便是山中宰相；

祈寿年无须服药，但愿身无病，心无忧，门无债主，可为地上神仙。

从这位宦海沉浮、叱咤风云的人物的对联中，我们可以看到另一个维度的人生比较方式。

我们也可以跟自己的过去比较：我是否比昨天更出色、进步更大？

这也许是虽然没人知道但更有意义的比较——内在的自我超越比外在的与人比较更加重要！

以前比较谁业绩高，现在比较谁更健康。

消毒与解毒

一位老教授在演讲中讲解"消毒"和"解毒"的区别。

他说中医的说法是"解毒",而西医的说法是"消毒",一字之差反映了两种医学的不同观点。

消毒——消灭,把对方看成敌人。

解毒——化解,双方可以共存。

延伸一下,"解"这个字有丰富的含义:化敌为友,化干戈为玉帛。

我记得王朔的一本小说中有一个段子:

一个人在街上耀武扬威地大喊:"谁敢惹我?"大家都避而远之。但有一个大汉走上前说:"我敢惹你。"这个人一愣,随即说:"那么谁敢惹咱们俩呢?"

虽然这是个笑话,但是反映了这个人化敌为友的机智,以及思维模式的转换。

上兵伐谋,攻心为上,不战而屈人之兵。

有一位官员批评时任美国总统的林肯,说他不应该用对待朋友的态度对待政敌,应该消灭他们。林肯的回答十分巧妙且富于哲理:"当他们变成我的朋友时,难道我不是在消灭我的敌人吗?"

这是人际关系中的"化学"!

这是仁者无敌的秘密!

做个智慧的经营者

卓越的领导造就杰出的团队，
看不见的文化滋养看得见的成果。
做个智慧的经营者，
在追逐心中理想的同时品味沿途风景，
在实现目标的过程中超越自我。

企

"企"者"人"为上——人是企业中最重要的资源,占据最重要的位置。

"企"无"人"就"止"——企业没有了人才,就会停止发展。

人是企业的根本,人是一切的创造者,也是一切创造最终的所有者!

良禽择木而栖——人在找企业。

栽得梧桐树,引来金凤凰——企业也在找人。企业不仅要找到人,更要找对人。

"企"是舞台,"人"是舞者。舞台搭得好,吸引众多舞者起舞;舞者跳得精彩,又创造更大的舞台。

通用汽车公司前总裁史龙·亚佛德曾说,你可以拿走我全部的资产,但是你只要把我的组织人员留给我,五年内我就能够把所有失去的资产赚回来。

美国福特公司做得更为极致,为了请来并留住一个工程技术人员,甚至专门为他买下一间公司。

这就是人的价值。

优秀的管理者懂得人的价值。

"小公司做事，大公司做人"，这是柳传志的名言。

"企业即人。"日本经营之神松下幸之助表达得更为直截了当。

一个"人"字，一撇一捺，最简单的两笔，却是最大的学问！

厂

厂的繁体字是"廠"。

简体字省掉了繁体字原有内核部分的"敞"。

这个字的构造表明:"厂"若不"尚文",就只是一具空壳。

"厂"可以引申为所有企业,我们可以说,企业如果没有自己的文化,不崇尚文化,就只是商业机器。

有一个经典案例说明了文化在企业中的重要性:海尔收购红星洗衣机厂后,首先派到厂里的不是财务官,而是文化官。海尔的秘诀是用海尔的文化激活红星洗衣机厂这条休克鱼。

很多人开始创业时靠个人的打拼杀出一条血路,获得成功;随着企业的发展,规模扩大,需要逐渐建立管理系统;但企业做大了,仅有硬性的系统还不够,还要有软性的竞争力——企业文化。

企业文化不仅是墙上漂亮的标语、定期办黑板报、组织员工外出旅游和聚餐,更是一种氛围、一种共同的习惯。

正如《鱼》这本书里描述的西雅图派克鱼市场那样,那里的员工上班是一种享受。因为在那里,每个人都很快乐,而且会把这种快乐传递给别人。

又如星巴克，很少打广告，把省下的广告费都用在了员工福利和培训上。员工在这里可以学到关于咖啡的知识，还可以学习如何与他人分享咖啡文化，他们不觉得自己是被雇佣的员工，他们被称为"合作伙伴"。星巴克的一位高管写了一本关于星巴克的书，书名叫《一切与咖啡无关》。那么，与什么有关呢？与咖啡文化有关，与人心有关。

这些文化也许无形，但你能感受到。正如一去到派克鱼市场，你就能体验到那份快乐和激情。

我问过很多老板："员工要什么？"他们往往很快就回答："钱"。真的是这样吗？钱是重要的，钱是基础，但仅有钱是不够的。

物质的激励是有限的。

文化的激励是无限的。

> 物质的激励是有限的，文化的激励是无限的。

团队

　　翟鸿燊先生在演讲中说:"团队就是由一群有口才和带耳朵的人组成的。""团"字就是口才,"队"字就是有耳朵的人。意思是团队的核心在于"口"与"耳",即在于有效地表达和聆听。

　　既然是团队,就不止一个人。一群人聚在一起,其实是不同的标准和思想聚在一起,所以沟通变得尤为重要。

　　有人说:"管理的问题 95% 是沟通的问题。"

　　还有人干脆直接说:"管理就是沟通!"

　　在徐克导演的电影《东方不败》中有这样一个情节:林青霞饰演的东方不败为了掩饰自己的身份,在跟李连杰饰演的令狐冲相处时总是一言不发。令狐冲以为她是东洋人,于是就说:"幸好我们语言不通,所以没有那么多的恩怨。"

　　这好像有点祸从口出的意思。

　　其实语言是无辜的,问题是我们用什么心态去说话。正如中国移动早期的一则广告所说的,"沟通从心开始"。"口"和"耳"都是传递"心声"的工具。

　　《东方不败》里还有一句经典台词:"有人就有恩怨,有恩怨就有江湖。人就是江湖。"

社会是大江湖,团队是小社会。江湖的恩怨都浓缩在团队里。

一帮人聚在一起,并不等于自动成为团队,也可能成为一个各怀心事、各执己见的团伙。

沟通无效,内耗不断,团队变团伙;沟通有效,力出一孔,团伙成团队!

> 沟通无效,产生内耗,团队变团伙;
> 沟通有效,力出一孔,团伙成团队。

威信

我在一家百货公司做了一次企业教练技术培训。结束后这家公司的副总总结了自己的收获。

其中有一点他特别强调,就是经过这次培训,他懂得了"信"的作用大于"威"。

指令性的领导,靠的是"威",不过最终的结果常常是,员工上班就上班,下班后就觉得你管不着他了。而现在更多用"信",反而产生了更好的效果。

这里的"信"包含以下几个方面。

一方面是领导者要有诚信,要兑现对员工许下的诺言,比如准时发工资,让员工感觉企业值得信赖。

另一方面是领导要以身作则,率先垂范,要求员工做到的,自己先做到。

还有一方面是信任员工,相信他们有潜能,敢于适当授权,给他们发挥的空间。

实际上,仅仅这几条就能够令团队的精神面貌焕然一新。

《世界上最伟大的一堂课》这本书中对"威权"和"威信"是这样解释的:

威权，一种能力，利用你的地位，罔顾别人的意愿，强迫他们照着你的决定行事；

威信，一种技能，运用影响力，让别人心甘情愿地按照你的决定行事。

"威"当然有其不可替代的价值！然而，仅用"威"的一面，说明领导者发挥作用只是依赖权力，而且员工容易口服心不服，当面一套背后一套。

有了"信"，能够发挥领导者的非权力领导力，也就是人本身的影响力，这样才能真正赢得人心。

当领导的内涵中不仅有"威"而且有"信"的时候，员工的表现也会从"要我做"转变为"我要做"。

赏识

几年前,有一位父亲提出要对孩子实行赏识教育,并大力推行赏识教育的理念。很多企业家也提出要赏识员工,这样员工才会"货卖识家",把自己的才能展现出来。

两件事的本质其实是说,人有被认可的需求。

下面我们从文字的角度来看看如何有效赏识。

赏:赐功也。从贝尚声。

识:通"志","记住"之意。

在我看来,"赏"字的下半部分是"贝",代表货币,或者是物质奖励。而"识"字的左边是"言",代表语言,用语言表示"记住你的功劳",即精神认可。

《共好》一书提出一个激励团队的公式:$E=MC^2$,意思是热情 = 任务 × 现金 × 喝彩。领导者在员工表现好的时候,应该给予现金奖励和口头喝彩,员工才能保持工作热情。

如果我们只"赏"不"识",那么就是只重物质不重精神,双方容易变成一种简单的交易关系。

如果我们只"识"不"赏",那么又会让人感觉口惠而实不至,画饼充饥,总是开空头支票。

有"赏"又有"识",物质精神并重,对被激励者来说,才会产生强大的推动力。因为在"赏识"这个词中,包含了作为人最基本的两个需求。

士为知己者死,女为悦己者容。

团队成员也会因为管理者懂得赏识、善于赏识而展现出自己优秀的一面!

领导

领导，领袖加导师。

领袖——管理、带领。

导师——训练、学习。

企业不仅是员工工作的地方，也是员工学习和成长的地方；企业领导不仅是带头人，同时也是教育者，教员工工作的技能及做人的品德。

现在管理界有很多人在推行企业学校化，领导导师化。以教代管或以教促管成为一种潮流。

《第五项修炼》的作者彼得·圣吉认为，未来最好的企业是学习型组织，未来真正出色的企业，将是能够设法使各阶层人员全心投入，并有能力不断学习的组织。

在商场的逆水中行企业之舟，不进则退。

所以，好的企业不仅要有经营的功能，而且要具备学校的功能，要具备支持员工学习的氛围和文化。"导"字的繁体字为"導"，上面一个"道德"的"道"字，下面一个"方寸"的"寸"字。意思是领导者不仅要有"术"，更要有"道"。"道"在哪里呢？就在我们的方寸之间，在我们的心中。

日本的经营之神、松下电器的创始人松下幸之助曾说："企业教育员工很贵，但是不教育的话，代价更贵。"

教育员工不仅是把他们派送到学校和培训机构去学习，因为这些机构只是外力，代替不了企业领导者每天的耳提面命。企业领导者既要具有教育员工的意识，也要具有既领且导的双重能力！

此为领导者的责任和境界。

> 企业领导者既要具有教育员工的意识，也要具有既领且导的双重能力。

龙与虫

很多人上班一条虫,下班一条龙。

这话形容的是某些上班混日子、下班才活出自我的人。

他们从生活中生龙活虎的"龙"变成工作岗位上无精打采的"虫",一定是有原因的。也许是缺乏追求理想的激情;也许是有追求却觉得自己影响不了环境,既然影响不了环境,就在这个环境里混天度日吧;也许是没有敬业精神;也许是缺少责任心;也许是觉得回报低。

总之,这种情况背后隐藏的是把生活与工作对立的心态。

然而,如果真的是这样,这种人未免也太惨了。按每天八小时工作时间算,他们差不多三分之一的人生都相当于在坐牢。

"龙"和"虫"其实是可以互相转化的。

"龙"可以转变成"虫","虫"同样可以转变成"龙"。我们看到某些人"虫"的一面,不要忘记他也有"龙"的一面;我们看到某些人"龙"的一面,也要接纳他还存在"虫"的一面。

可以说,"龙"和"虫"代表我们自身的两面性。每个人都有两面,一面是天使,一面是魔鬼。

也就是说,每个人都有善的一面,也有恶的一面;有内耗的一面,也有合作的一面;有混天度日的一面,也有恪尽职守的一面。只不过,看我们选择活出哪一面。

是"龙"还是"虫",想要如何,全凭自己!

老板与总裁

"老板老板,老板着脸;总裁总裁,总是裁人。"

这是我曾经收到的一条短信。

粗一看,只是调侃之词;细想想,也蕴含某种意义。

这条短信反映了很多领导者的管理模式。

"老板着脸",是很多管理者的工作表情。究其原因,多半是老板认为这样才有威信,才能服众。

"总是裁人",说明管理者只能靠解雇的方式解决问题,也说明管理者在解决用人的问题上手法单一。我曾听到一些管理者无奈地说:"很多人应聘的时候看上去是个人才,放到企业一用就变成了庸才。"

其实其潜在的想法是:"我没有问题,是我使用的人有问题,所以只需要换掉这个人就好了。"

然而,这样始终是治标不治本。

因为,如果一个运动员不行,需要换运动员;如果所有运动员都不行,可能需要考虑换教练。

换人是企业经营必要的手段。

有时候我们确实需要换掉一些不适合的人。

但有时候，我们真正需要换掉的，是我们的用人理念！

有时候，我们真正需要换掉的，是我们的用人理念。

董事与理事

几年前，我到深圳为一个朋友的企业做培训。

有一个中层管理者站起来，跟大家分享了他对管理企业的看法。

他说："我想跟大家分享的是，我把企业管理人的职务分为两种，一种是'董事'，也就是那些靠智慧吃饭的人；另一种是'理事'，就是我们这种，每天打理事情的人。有一次我听一位同事说他想做'董事'，就是说他想当老板。而我现在也不是'董事'，所以不算成功。'董事'换句话说就是'懂事'，我觉得我们这次学习就是在学如何懂事，懂得别人的心，懂得自己的心，这是我的体会。如何才能做到懂事呢？我觉得首先要有一颗感恩的心。"

他的分享赢得了大家的热烈掌声。

我并不完全赞同他的说法，比如他认为只有当了老板才算成功，其实每个人都有自己的成功标准。

不过，他的说法也是一个很新颖的角度，让我们去思考企业领导真正应该做的事情——不要只顾着处理每天的琐事，而要有经营人心的智慧。

这才算真正的懂事。

「董」「理」兼顾，才算真正懂事。

功劳与苦劳

我们常听到这样一句话,"我没有功劳也有苦劳"。

这种说法从心态上只是强调我"做了",而没有关注我是否"做到"。

有苦劳没有功劳,代表有行动没成果,也就是说行为无效。

所以,有人针锋相对地提出,企业只计功劳,不计苦劳。

国外也有一句话叫 work hard, work smart。意思是"努力工作,有效工作"——努力固然重要,有效更为关键。

企业只计功劳不计苦劳的说法,其实是说企业关心的是结果而不是行为,关注的是你做到了什么而不是做了什么。

这有点成王败寇、以成败论英雄的意思。

企业当然可以抛开一时成败,看得更长远,从而更包容每个个体的表现。

而对个人来说,从"做了"到"做到",从"苦劳"转化为"功劳",是必须要学习的一课。

企业只记功劳，不记苦劳。

能干与肯干

能干,指的是具备好的技术和方法。

肯干,指的是拥有好的意愿和态度。

既不能干又不肯干的员工是团队的负债和黑洞。

能干而不肯干的员工是团队中的危险品,因为能力本身是中立的,可以干好事,也可以干坏事。能干的员工的能力可以用来帮助企业发展,也可以用来算计得失、斤斤计较。用这样的员工需要管理者有很好的领导艺术。

肯干而不能干的员工是团队中的潜力股,目前能力有欠缺,但加以培养长远来看会有良好的表现。

既能干又肯干的员工是团队的资产,值得给予空间让其好好发挥。

有人喜欢用能干的人,有人喜欢用肯干的人。

当然最好能拥有既能干又肯干的人。这样的人可遇而不可求,需要我们有魅力去吸引。

能干与肯干是企业识人、招人、用人、培养人的两个方向。

同时,也是我们每个人超越自我的两只脚,一步一步帮助我们迈向目标!

能干与肯干是自我超越的两只脚,一步一步帮助我们迈向目标。

学会学习

人生无涯,学无止境。

活到老,学到老。

在竞争激烈的今天,

学习是我们必备的生存技能。

学历

"学历"一般指人们在教育机构接受科学文化教育和技能训练的学习经历。

我认为,"学"和"历"其实应包含两层意思:学是学习,历是历练。

电视剧《人间正道是沧桑》里有一句台词对此是一个很好的解释:"学在军校,历在战场。"

"历"不能代替"学"——"学"是学习,是吸收他人的知识,汲取他人的经验;系统地学可以让我们少走弯路,避免付出不必要的代价。

"学"也不能代替"历"——"历"是实践,是行动。"历"是"学"的延伸,最好的学习是在做中学。正所谓"纸上得来终觉浅,绝知此事要躬行"。他人的智慧是好的,但他人的智慧是他人的经历得来的。如果我们直接照搬,难免知其然而不知其所以然。别人的东西在你那里是否行得通,还需要靠不断地"历"来检验、印证。

实践出真知。

四川有句俗语,挑水要到井边。

读万卷书，不如行万里路；行万里路，不如阅人无数。

事非经过不知难——那一纸文凭无法取代历练。

英国作家伏尼契笔下的意大利青年亚瑟，在南美经历 13 年流浪生活的磨难之后说："那现实的地狱校正了我对假地狱的想象。"残酷的现实经历让他从斯文的大学生"亚瑟"蜕变为坚强老练的革命者"牛虻"。

所以，阅历是人生难得的财富，是社会大学颁发的具有更高含金量的文凭。

如果说"人"字的一撇是"经历"，那么，"人"字的一捺就是"成长"。

世上那么多精彩的人和路，都需要我们去"学"和"历"。

学问

通常，如果某人知识渊博，我们就会说他很有学问。

而在这里，我所说的学问，是学会问问题。

善问问题是另一种学问。

"很有学问"代表已经掌握很多知识，"学会发问"代表通往未知知识的途径。

这里的"问"是请教，是求知，而不是盘问、审问、质问，更不是用问题去挑衅、刁难别人。

拉比是核磁共振仪的发明者，是美国最杰出的科学家之一。普通的家长每天都会向孩子提问："你今天在学校里学到了什么？"拉比表示，自己的母亲与其他家长不同。"她只会问我一件事——你今天有提出一个优质的问题吗？"

拉比认为，正是母亲的这一举动，让他养成了不断提出优质问题的习惯，为自己迈向杰出科学家的道路奠定了基础。

人们不愿问问题，往往有以下几种情况：

一种情况是不敢问，怕被拒绝，怕人家笑话自己为什么会问出这么低级的问题，实质是觉得面子比学习更重要。

另一种情况是觉得问了也没用，别人也不知道。这是一种判断。

　　还有一种是放不下自己的身份,觉得自己去请教别人,尤其是请教身份不如自己的人是一种掉价。其实,不如你的人可能只是某方面不如你,而其他方面有可能比你更强。孔子不也向小孩子请教过吗?所以,他才总结出"三人行必有我师"的道理。

　　每个人都可以成为我们的老师,关键在于你要能够不耻下问。

　　老人也常教育孩子,如果到陌生的地方要多向当地人了解情况。他们总结说,嘴巴下面就是路。意思是只要你善于动嘴询问别人,就算在陌生的地方也能找到路。

　　这里的路不仅是柏油马路、乡村公路或羊肠小道,也指的是每一条人生路。

学会发问,代表通往未知知识的途径。

培养

有一个关于竹子的故事。

竹农将竹子的种子埋在土壤里。

种子在土壤里沉睡四年，期间竹农每天为它浇水。

四年后，种子终于破土而出，只需九十天，竹子便能长二十米。

十年树木，百年树人。

竹子的故事告诉我们，对于人才除了栽培，还要养育——既要"培"，也要"养"，也就是通常所说的，扶上马，送一程。

"培"可能是一时的热情，"养"则是长久的系统工程。

据美国人力资源协会统计，在一个人身上投资一块钱进行培训，未来三年到五年能从这个人身上获得三十到五十倍的回报。

问题是，你得有耐心坚持这三到五年。

换句话说，我们要愿意为人才的成长付出代价——给时间，给空间，给机会。

这需要我们有竹农的耐心和信心，需要转变急功近利的用人观。

十年树木，百年树人。

母亲

从教育的角度来看,母亲不仅是孩子的第一个老师,也是十分重要的老师。学校教孩子知识,家庭教孩子做人。

教育不只是在课堂上,也在生活中的每一处。

言教不如身教。孩子在成长过程中总是模仿成人的行为举止。大人的优点和缺点都很容易被白纸一样的孩子吸收。而跟孩子接触最多的往往是母亲。

学校的老师再优秀,也很难长时间陪伴孩子。

所谓"知子莫若母",母亲最了解自己的孩子。

真正影响这个世界、改变这个世界的人,是每一个家庭里的母亲。因为,社会上的盖世英雄或混世魔王,都只不过是某一个母亲的孩子而已。

美国19世纪著名演说家、牧师比彻说:"母亲的心灵是子女的课堂。"

孟母三迁代表这位母亲有为孩子创造最佳成长环境的智慧;而岳母刺字则代表这位母亲有培养孩子风骨的价值观。

好妈妈往往胜过好老师!

孝

有一本书里写道:"这个'孝'字是会意字,我们要体会这个字的意义。它上面是'老',下面是'子',这是告诉我们,上一代跟下一代是一体,是一不是二。"

那我们应如何尽"孝"呢?

"孝"可以分为不同的层面。

物质层面的孝,是给父母长辈买一些东西,让他们在物质上丰足。

心理层面的孝,是平时多陪父母聊天,让他们享受儿孙绕膝的天伦之乐;如果人在外地,要经常打打电话,问候问候,常回家看看,让他们感受到亲情的温暖。

志向层面的孝,是成为父母期望你成为的那种人,帮助父母成就他们心中的愿望。

智慧层面的孝,是理解人无完人,父母也未必都是对的,也有犯错的时候,这个时候更需要子女智慧地去处理。既不能极端地逆反,也不能盲目地听从,而是要有智慧地化解。

孝是一种心态,也是一门大学问。

古代有举荐孝廉的制度,其实就是从"孝"和"廉"两方面考察人品。如果这两方面好,就有做官的品德根基。

现代心理学认为,你跟父母的关系就是你跟世界上第一个男人和第一个女人的关系。

学会了孝,就会连接到父母源源不断的隐形能量,也就有了做人和成事的牢固根基。

教学

俗话说，"穷人的孩子早当家""富不过三代"。

"穷人的孩子早当家"，是因为穷人家的孩子没有背景，必须要靠自己打拼；"富不过三代"，是因为如果富家子弟无法建立正确的人生观、价值观，往往守不住财富。

有效的方式是：当孩子不断成长时，父母就要适当地放手。

但很多时候我们会过多地给予孩子经验和答案，甚至代替孩子去做。虽然出于好心，却往往阻碍了孩子成长，孩子因为依赖现成的答案而失去了独立思考和学习的机会。

所以，"教学"的另一种解释是，有时候我们要教得少，孩子才能学得多！

学会学习　175

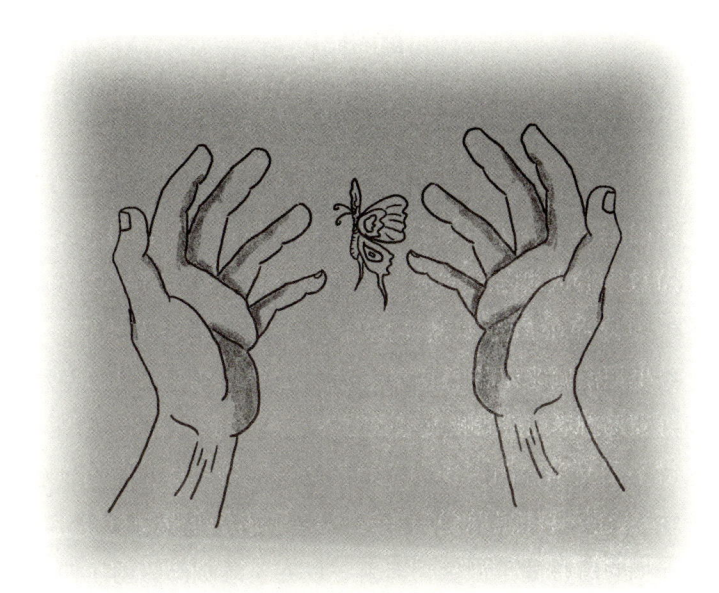

要想对方能够成长,
就要学会放手。

磨练

古话说，事上磨，境上练。

在千差万别的事情和千变万化的环境中磨练，人才会成材。

有一个"石头的故事"告诉了我们磨练的意义。

有一块石头，被雕刻师一分为二。雕刻师打算把这两块石头分别雕刻成佛像和门槛石。他选择了其中一块开始雕刻，可是这块石头不断地喊痛，雕刻师只好放下这块，转而开始雕刻另一块。虽然这块石头也很痛，但是它咬牙坚持。几个月后，雕刻师把它雕刻成了佛像，而前一块石头雕刻师只用了四刀就把它处理成了门槛石。之后，每天都有人踩过门槛石去朝拜佛像。门槛石很不服气，对佛像说："我们是同一块石头的两半，为什么你天天受人朝拜而我每天被人踩在脚下？"佛像说："那是因为我经历了千万刀雕琢，而你只不过挨了四刀！"

雕刻师说："最好的雕像，挨刀最多。"

《礼记·学记》中说的"玉不琢，不成器"就是这个道理。

英雄往往生于苦难中、长于苦难中。苦难是一把刀成为好刀所需要的那块磨刀石。

如果你愿意从这个角度去看，你就会明白，为什么有人会说：

"合理的要求是锻炼,不合理的要求是磨练。"

凡事皆有利于我——因为就算是苦难,也是上天想要成就我们时送给我们的一份含有深意的礼物。

绝招

从前，有一个远近闻名的贼王，传说他有一个绝招，能从看似绝境的危险中安然逃脱。

贼王有一个儿子，很想学父亲的绝招，贼王却始终不愿意教。

但经不住儿子反复哀求，贼王终于答应儿子把自己的绝招教给他。不过他对儿子说，这个绝招我教你是教不会的，只有你自己去体验才能掌握。

一天，贼王把儿子带到一个大户人家，让他躲藏在某个角落。然后，贼王跑到外面大喊有贼。他儿子吓坏了，在家丁们的追逐下东奔西跑，最后从一个狗洞里逃了出去。

儿子狼狈地逃出去后找到父亲，不解地质问他："为何要用这种方式陷害自己的儿子？"贼王对儿子说："你不是想学绝招吗？这就是我的绝招，现在你已经学会了。"

贼王的本事确实没办法按常规的方式来教，因为真正的绝招根本没有标准套路、没有一定之规，而要因人而异、因地制宜。

我们常说"狗急跳墙"，狗平时是不会跳墙的，只有被逼到墙角没有退路时，它才会超越平时的自己跳上墙。

人也一样，往往要被逼到绝境，才会绝处逢生、绝地反击。

我身边的很多成功人士都曾跟我说，他们的成功是被逼出来的。

内在的潜力被逼出来，就会在外面创造机会。

所以，潜能就是你的绝招。

觉悟

"觉"——一个"学"字头加一个"见"字,意为"学习看见"。

"悟"——吾心,我的心。

"觉悟"——学习看见我的心。

为什么要"看见"自己的心呢?荀子说:"心者,道之主宰。"通俗地说就是,有什么样的生活态度,决定你会走上什么样的人生道路。

我们的内心每天都在进行自我对话。这些对话决定着我们如何跟外面的人和环境对话,内在的心理活动决定着我们在外面世界的活动。

我们能够认识世界千变万化的现象,能够认识遥远的行星,却未必能够洞悉自己内心的活动。

我们无法做出最佳选择,往往是因为没有觉察自己内心的活动。所谓心猿意马,觉悟就是要认知心这只"猿"的运作规律,并且掌握这些规律。

觉察、觉悟。

自觉、觉他。

佛家说，如实观照——"觉"是"悟"的前提。

正所谓"起心动念已决胜负"！

觉悟其心才能善用其心。

放下

在一次训练中，我对学员说："你们来这里训练不是来收获什么的，而是来学习放下一些东西的。"

放下是收获的另一种形式。

放下懦弱，你会收获勇敢；

放下自卑，你会收获自信；

放下封闭，你会收获开放；

放下冷漠，你会收获热情；

放下虚伪，你会收获真诚；

放下骄傲，你会收获谦虚。

放下就是自在。

放下就是快乐。

有人说，握紧的双手拿不了东西，只有伸开双手才能拿到东西。

有人说，举得起放得下的叫举重，举得起放不下的叫负重。

有人说，放得下放不下，到最后全都要放下。

还有人说，我就是放不下，怎么办？

那就自我折磨呗。

学会学习　　183

放下是收获的另一种形式。

舍得

在朋友发给我的微信信息中有这样一段话：
舍得笑，得到的是友谊；
舍得宽容，得到的是大气；
舍得诚实，得到的是朋友；
舍得面子，得到的是实在；
舍得酒色，得到的是健康；
舍得虚名，得到的是逍遥。
先舍后得，有舍才会有得。舍是为了更好地得，得是为了更好地舍。
舍得是中国古而有之的一个词语、一种哲学思想。
我认为舍可以表述为：愿意放下自己所拥有的。
它包含以下两层意思：
愿意放下自己已拥有的成功，这样才能取得新的、更大的成功。
愿意放下自己曾经的失败，这样才能以积极的态度重新开始。
只有放下手中握着的东西（无论是成功还是失败），才能去把握新的东西。

每时每刻地舍，意味着不断地得，意味着过去的成功和失败都不会成为我们迈向新的成功的障碍。

因为，要想"得"，先要"舍"。

道理

道理道理,"道"在前,"理"在后。

有一次,一位朋友滔滔不绝地发表了一大通言论,自我感觉良好;但另一位朋友却指出,"你讲了很多'理',却没有'道'。"

有人理很多,但并不能印证,即所谓"说就天下无敌,做就无能为力"。

所以有人指出,知道和做到之间存在着世界上最远的距离。

俗语说"有理走遍天下,无理寸步难行"——理是行走江湖的保障。

俗语又说"秀才遇到兵,有理讲不清"——这种情况下,武力更能决定话语权。

所以,讲理还要看对象,看场合。

所以,除了有道理还要有实力,实力会支持你的道理掷地有声!

这个时代有很多能讲大道理的聪明人,可有时候,"理"讲得越多,离"道"反而越远了。

所谓"有效果比有道理更重要"。

以理透事,理透而事未必透。

以事透理,事做到则所有的道理尽在其中。

道在心中，路在脚下

心中有道，脚下就有路。
心中有梦想，就会奔向远方。
一个想法铺展一条道路，
一个愿望开启一段旅程。

鞋

电影《岁月神偷》中有两段关于"鞋"的片段,让我印象深刻。

在第一个片段中,任达华扮演的鞋匠对吴君如扮演的老婆说:"鞋字半边难。"这句话的意思是说,"鞋"字的右半部分也是"难"字的右半部分,寓意做鞋匠这个行当生活注定是艰难的。而老婆则回答他:"鞋字半边佳。"意思是说,"鞋"字的右半部分也是"佳"字的右半部分,寓意做鞋匠也可以有好日子。

"难"和"佳"代表二人对生活的不同看法。

这不是玩文字游戏,而是他们借对"鞋"字的不同解读来表达自己的生活态度。

同样的事物,由于观看者的心态或心境不同,得出的结论也截然不同。

在第二个片段中,鞋匠精心为老婆做了一双漂亮精巧的红色皮鞋。老婆很高兴地穿上,并且说要为鞋取名字。她为两只鞋各取了一个名字,一只叫"难",一只叫"佳",并且还一边走一边说:"一步难,一步佳。难也一步,佳也一步。"

"难"和"佳"就像这对夫妻,夫唱妇随,相依为命。

我想以鞋匠为主角本身就是电影的良苦用心——以鞋来寓

意人生路。

"'难'之后就是'佳'",艰苦岁月中夫妻俩借助文字的力量互相激励。

其实,难与佳的关系,就是风雨与彩虹的关系。

信（一）

电影《岁月神偷》中，鞋匠的老婆总是重复一句台词："做人总要信！总要信！"

信什么？她的话没说完，完整地说应该是：人总要信会有美好的未来。

这句话说明她内心不愿认命——哪怕世间有那么多自然灾害、艰难险阻，还是要信。

这个"信"字与前面的"佳"字是一脉相承的。

她所信的，就是历尽无数的"难"之后总会有"佳"的那一天。

信——生活要有信心，有信念。

正如这部电影的宣传片开头的字幕表达的——那是个靠信念支撑的年代。

好像总是这样，越是环境艰苦的地方，信念所发挥的作用就越大。在很多传奇故事里，人们在生死关头就是因为心中有信念才活了下来。

强者强自内心——真正的强者不是拥有外界的武力，而是拥有内心坚定的信念。

其实，"信"是一辈子，"不信"也是一辈子。

"逝者如斯夫，不舍昼夜"，问题的关键在于，"信"还是"不信"，对于我们一生的目标和理想来说，哪个更有帮助！

信（二）

相信才看到，还是看到才相信？

看到结果我们才愿意相信原来真的有这种可能性，还是相信有这种可能性才让我们最终创造出想看到的结果？

按照吸引力法则的说法，要在外部世界创造的景象，首先要在内心和信念中创造出来。

简单地说，就是你相信什么就吸引什么。

据说，这是古往今来成功者的最大秘密，在这个法则里蕴藏着无限的宝藏。

这个法则听起来就像阿拉伯传说中的阿拉丁神灯那样神奇！

事实上，每个人都拥有一盏让自己心想事成的神灯，那就是每个人蕴含的无限潜能，而信念就是那根灯芯！

只要点燃那根灯芯，愿望就能成真，每个人就都能书写属于自己的生命神话！

道在心中，路在脚下　193

点燃信念之灯，
激发无限潜能。

信（三）

人一定程度上是在实现自我预言！

我们每天都在把心中对自己的预言变成现实。这就是一些训练中常说的"预告事实"。

然而，我们也经常听到这样的质疑："我已经'信'了，可是我想要的结果并没有实现啊！"

事实上，在"信念"与"成果"之间，还要有行动。行动是信念的延伸。真正的信，必然会外化为具体的努力和行动。

沿袭上一篇文章的比喻：信念是灯芯，潜力是灯油，而行动就是点燃的火柴！

反过来说，如果"信"了之后只是等待结果发生，说明这种"信"只是相信外部环境，而不是相信自己的潜力。

这种"信"，只不过是相信不劳而获，相信天上会掉馅饼。

"信"了之后自己采取行动才是真正相信自己的潜力，相信自己是创造一切的源泉。

求人不如求己，自助者天助！

信，不是信外面的什么事物或某个权威，而是信自己内在无限的潜力！

志

志者，士心也。

士：有修养的人。

心：人的思想、意念等。

志：有修养的人的想法、志向、理想、目标。

电视剧《恰同学少年》中有这样一个片段。杨开慧的父亲、毛泽东的伦理学教员杨昌济先生在教育学生时说："修身在于明志。"

志不明修身为何？要把自己培养成为一个有修养的人，要先立志，即要有目标、有梦想。按现代企业管理的理论，这就是目标管理。

梦想、行动、成就！

有志者，事竟成！梦想和目标是人们走向成功的起点。

子曰："三军可夺帅也，匹夫不可夺志也。"——可见"志"对每个个体的重要性。

明代著名理学家王阳明讲得更为明确："志不立，则天下无可成之事，虽百工技艺，未有不本于志者；志不立如无舵之舟，无衔之马，飘荡奔逸，无所底止。"——所有的技艺都是为目标服务的。

对此，现代人也有类似的表达，其实都在讲"志"的重要性。

有目标是在活，没目标只是等死。

没目标的人是为有目标的人服务的。

如果你不知道你的彼岸在哪里，所有的风都不会是顺风。

如果你不知道你要到哪里去，那通常你哪里也去不了；如果你知道你要去哪里，全世界都会为你让路。

危机

中国的文字往往隐含着古老的智慧。

比如本文的标题"危机"一词,就蕴含着道家的基本思想。

"危"是危险,"机"是机会,二者本为一体。两个字合起来的意思,用我们现在流行的话来说就是"挑战与机遇并存",用道家的说法是"阴中有阳,阳中有阴"。一幅太极图早就将"危"与"机"的辩证关系表达得淋漓尽致。

在这个巨变的时代,有危也有机。不过我们说到"危机"的时候,常常只看到它"危"的一面,而看不到它"机"的一面。比如我们一听到"经济危机""金融危机",立刻就会觉得这是一个坏消息。

然后很多负面的对话就出现了,诸如"现在生意不好做""没有市场""经济环境不好""资金不足"等等。

当一个人总是说"不可能"时,也许就真的不可能了。

危中有机,机中有危。

危可以转化为机,机也可以转化为危。危与机并存而且互动——看似对立的两个面其实存在相互转换的可能。

所以,洛克菲勒这样总结自己成功的心得:"我总是设法把每一桩不幸，化为一次机会。"

　　作家梅尔维尔有个非常形象的比喻："逆境犹如刀子，抓刀口会伤手，但抓刀把就有帮助了。"

　　如果"危"是锋利无比的刀口，那么"机"就是安全可握的刀柄。刀口与刀柄本来就是一体的。

　　所以，阿尔伯特·爱因斯坦才说："危机就是转机。"

　　相信危中有机，把握危中之机，成为逆境中的用刀高手，方能在人生一次次的挑战中逢凶化吉，转危为机！

机会

有人说，机会就是看到别人看不到的。

当大家都看到的时候，也许这个所谓的机会的价值就不大了。

而要看到别人看不到的需要有远见、勇气和冒险精神，有时也需要放下短期的利益。

《工作之乐》的作者丹尼斯·维特利说："悲观者只看机会后面的问题，乐观者却能看见问题后面的机会。"

我们已错过很多机会——房价没涨时买房的机会、股市低迷时买股的机会等。

但是不必惋惜已经失去的，否则我们也会失去现在拥有的。泰戈尔说："当你为失去太阳而哭泣的时候，你也将失去群星。"

有时，把握机会需要活在当下。

机会偏爱有准备的头脑。能把握机会是因为你知道自己要什么，也一直在努力地准备着。

有一家企业举行了一次很成功的市场营销活动。在采访环节，有人问这家企业的老总："你们是如何策划出这么成功的营销的？"老总回答："我们不是策划，而是规划。可以说，我们是每一个步骤都计划好了,也都做到了,才有这次的成功。"

李嘉诚说:"我的成功完全不靠运气,都是自己努力的结果。"

李嘉诚只是看到了别人没有看到的东西。

所以,机会不在外面,而在你的看法里。

机会不在外面,而在你的看法里。

冒险

有一家企业在招聘时设定了这样一个问题：你人生所冒的最大的险是什么？

应聘者给出的答案千奇百怪。有的是参加了万米高空跳伞，有的是在街上追了一个陌生女孩，有的是炒股，有的是结婚，有的是换工作，有的是离开家乡到深圳打工，还有人的答案竟是自己安装了一个插头。这些答案从某个侧面反映了人生百态。

有人冒险失败，有人冒险成功。有人因而拒绝冒险，有人从此爱上冒险。

李书福在20世纪90年代就想造汽车。他向计委申请造汽车，但计委的人说："你去造汽车就是自杀！"而李书福说："就给我一次自杀的机会吧！"事实证明，李书福的冒险是成功的！如果没有他的冒险，就不会有今天的吉利汽车。

比如登山，你可以选择留在山脚的大本营，安全地等待别人归来讲述攀登的感受；也可以攀登到一半，把照相机交给继续攀登的朋友，拜托他们帮你拍几张照片留个纪念；你也可以亲自爬到山顶，纵览群山。

你愿意冒怎样的险，就能领略到怎样的风光！

而且，如果我们能不断提升登山的能力和装备，就能在领略风光的同时把风险降到最低。

你愿意冒怎样的险，就能领略怎样的风光！

命运

"命有定数,运可以转。"这是电视剧《暗算》里的主角钱之江说的。

有一位企业家说:"我信命,但我只信好命。"

贝多芬说:"我要扼住命运的咽喉。"

上述这些说法其实代表了不认命的人生态度。

海伦·凯勒一岁半时即双目失明,双耳失聪,但她不屈不挠地与命运抗争,在家庭老师的指导下学习盲文,学习拼写单词,还学会了说话。在20岁时,她考进哈佛大学女子学院,后来还出版了《假如给我三天光明》一书,这本书激励了全世界无数读者。

双目失明是她的"命"。如果她不曾努力学习,而是自暴自弃,认为自己的命就是一个让人可怜的残疾人,那么她就无法转变自己的"运"!

袁了凡曾经被预言只能活53岁。由于别的预言都得到了印证,所以他相信了关于寿命的预言,认定活到53岁就是他的命。

后来一位长者点醒了他:"命运是可以通过行善改变的。"袁了凡按照长者的指点去生活,果真改变了自己的命运,活到

70多岁。

  我们改变不了天气，但可以调整心情；

  我们改变不了季节，但可以加减衣服；

  我们改变不了容貌，但可以展现笑容；

  我们不能增加人生的长度，但可以拓展人生的宽度。

  归根到底，就算我们改变不了人生遭遇，起码可以选择自己的生活态度。

爽

"爽"字由一个"大"字和四个小叉组成。关于这个字，人们有不同的解释。

四个小叉象征很多岔路，代表人生路上各种各样的困难和逆境，也代表我们要面对很多艰难的选择。

从小到大，我们一直在选择——

读书时，选择学校，选择老师，选择专业。

恋爱、结婚时，在人海中选择最适合的对象。

工作时，选择合适的行业和岗位。

对食物的选择决定我们的健康。对书籍的选择决定我们的思想。

选择对我们至关重要，人生就是一连串选择的结果。

你这辈子最终"爽"还是"不爽"，其实看你为自己选择了什么。

"爽"字中的"大"字所表达的意思是，要想"爽"，就要有很"大"的勇气穿越这些岔路；从另一个角度说，一个"人"穿越了这些人生的岔路就会真正变"大"。

这辈子最终爽不爽,
其实就看你为自己选择了什么。

忙（一）

"忙"："心" + "亡"。

如果善于聆听，你会听到"忙"字背后的种种含义。

一些人遇到他觉得不重要、不感兴趣的事情或人，就会说自己很忙。其实这就是一种心亡，因为他的心放在了他觉得值得的事情上。

如果有人常常对你说很忙，也许只是代表你没有他所忙的事情重要。

对于另一些人来说，"忙"是一种炫耀。

当他们跟别人说"我很忙"的时候，其实是在告诉别人自己的生意很好，或者没有自己，很多事情就搞不定。他们是如此重要，所以不得不忙。

忙在这里成了一种委婉的自我推销的手段。

对于某些人来说，"忙"说明他们已沦为一部做事机器。

这类人日复一日地扎进事务性的工作中，已经迷失了人生的方向或者忘记了欣赏身边的风景，在忙忙碌碌中无心感受生活的乐趣。

这也是一种心亡。这种"忙"通常会牵出另一个字——累。

身体可以忙，但心不能亡。

我们可以因为梦想而"忙"，但不能因为"忙"而失去梦想！

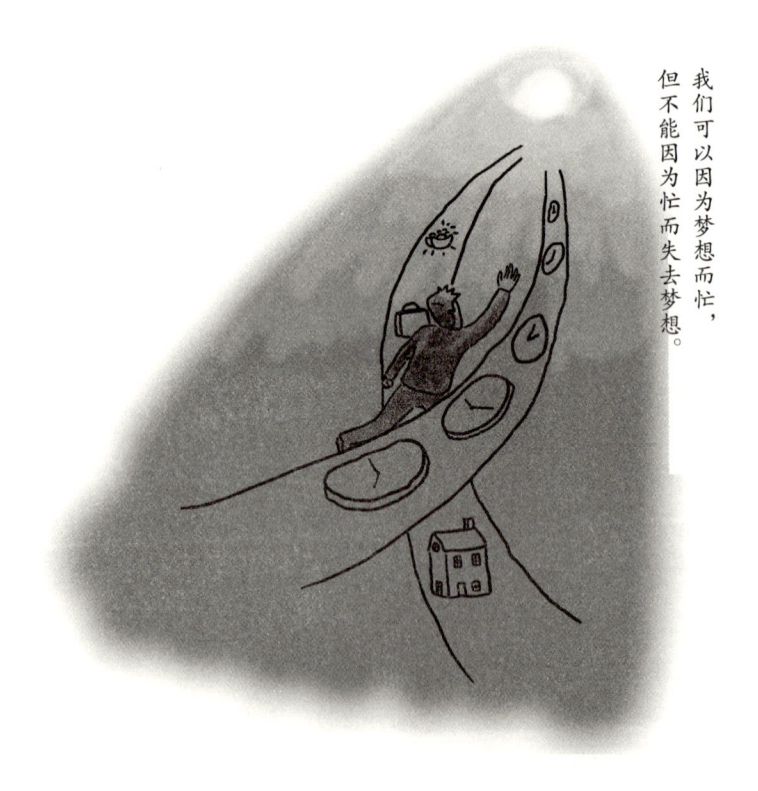

我们可以因为梦想而忙，但不能因为忙而失去梦想。

忙（二）

让我们再从自身来感受一下这个"忙"字。

从目标的角度问自己：忙来忙去，是否知道自己为什么而忙？忙的意义何在？

从体验的角度问自己：忙的感受如何？忙得开心吗？享受这种忙吗？

从学习的角度问自己：从忙中我学到了什么？我要学会什么才可以不忙？

从成果的角度问自己：忙来忙去，效果如何？忙出了什么结果？哪些忙是有效的，哪些忙是无效的？是否瞎忙？

从效益的角度问自己：我所忙的是否是最有价值的事？最值得我去忙的又是什么事？

从授权的角度问自己：我忙的事是否真的需要自己去忙？可否让别人来帮忙？

从激励的角度问自己：如何才能让别人愿意来帮忙，帮好忙？

从可能性的角度问自己：除了忙是否有别的选择？是否有更好的选择？

从人际关系的角度问自己：我是为自己忙，还是为别人忙？我愿意跟谁一起忙？谁又愿意我为他忙？

从时光流逝的角度问自己：如果时光真的可以倒流，岁月真的可以回头，我还会选择过这种忙的日子吗？

最后，从生命的角度问自己：如果今天是你生命的最后一天，你又会选择忙什么呢？

聚

"聚"字由"取"和"豕"两个字组成。"取"很容易理解，那么"豕"是什么意思呢？"豕"就是"猪"的意思。所以，"聚"的字面意思就是取猪肉或分猪肉。

"聚"跟"分猪肉"有什么关系呢？

所谓"财聚人散，财散人聚"。

要想团队凝聚就要跟他们分享利益。在古代，这个利益直接体现为猪肉。电影《无极》中有一个片段：光明大将军问昆仑奴为什么愿意跟着他。昆仑奴回答说："因为跟着你有肉吃。"

这是原始的分红形式，猪肉就是利益。有肉吃大家就聚在一起。

"聚"是领导者重要的能力！——聚市场，聚资源，聚人才。容人所不能容，聚人所不能聚。其中，最重要的一点是聚人才！正所谓，以人为本！

用人之前先要"聚"人；用人之后要继续"聚"人。

"聚"不仅可以通过散财实现，也可以通过给予对方愿景、股份、学习、提升机会、感情等实现。明白对方要什么，才可以有效地给予。财只是利益的一种，而团队成员的需求是丰富的，要因人而异。领导者要善于运用各种形式的"猪肉"来凝聚团队。

能够最大化地满足人们的梦想或需求，就能最大化地吸引人才。

能够不断地满足别人的需求，就能长久地把人才聚在一起。

这就是优秀领导者的重要工作。

后　记

　　文字是有形的思想，是心灵的密码。

　　《淮南子·本经训》里写道："昔日仓颉作书，而天雨粟，鬼夜哭。"大意是说，过去仓颉造字的时候，天空下起了谷子，鬼在夜里哭泣。

　　文学家爱默生说："用刀解剖关键字，它会流血。"

　　诗人安琪洛说："言辞就像小小的能量子弹，射入肉眼所不能见的生命领域。"

　　由此可见，文字是有生命的，我们需要善待并慎用它的力量。

　　"教育不是灌输，而是点燃火焰。"这是古希腊哲学家、教育家苏格拉底的名言。那么，我们发挥一下想象力，如果用火去点燃关键的字词，它们会发光吗？

　　诗人兰波在《语言炼金术》一诗中写道："首先，这是一种学习。"

　　实际上，对于愿意学习的人来说，一个文字就是一次领悟的契机，领悟到了，它就会变成心中的星辰。

　　我们不仅要在时光中老去，还要在岁月中成长。

　　我们不仅要用眼睛来阅读，还要用心灵去感悟。

我们阅读文字，解析文字，但不要只停留于文字的表面；而是要把蕴含在文字中的能量转化为促进我们不断成长的力量。

这正是：

漫漫人生路，有梦也有爱。

此心若成长，老天自安排！

在此合十，感恩与祝福！

黄俊华

2021 年 3 月